U0325750

加拿大绿色建筑与滨水地区可持续性绿色更新考察报告

张桦 主编

田炜 王潇俊 陆红花 夏麟 等编著

现代设计 华东建筑集团股份有限公司

同济大学出版社
TONGJI UNIVERSITY PRESS

图书在版编目（CIP）数据

加拿大绿色建筑与滨水地区可持续性绿色更新考察报告 / 张桦主编；王潇俊等编著 . － 上海：同济大学出版社，2015.12

ISBN 978－7－5608－6088－6

Ⅰ.①加… Ⅱ.①张… ②王… Ⅲ.①生态建筑－研究报告－加拿大 Ⅳ.① TU18

中国版本图书馆 CIP 数据核字（2015）第 284499 号

加拿大绿色建筑与滨水地区可持续性绿色更新考察报告

张桦 主编 王潇俊 陆红花 夏麟 等编著

出 品 人 支文军
责任编辑 吕 炜 胡 毅
责任校对 徐春莲
装帧设计 完 颖 嵇海丰
出版发行 同济大学出版社 www.tongjipress.com.cn
        （地址：上海市四平路 1239 号 邮编：200092 电话：021－65985622）
经 销 全国各地新华书店、建筑书店、网络书店
印 刷 上海安兴汇东纸业有限公司
开 本 787mm×1 092mm 1/16
印 张 7.75
字 数 193 000
版 次 2015 年 12 月第 1 版 2015 年 12 月第 1 次印刷
书 号 ISBN 978－7－5608－6088－6
定 价 49.00 元

序

中国城市科学研究会绿色建筑与节能专业委员会（简称：中国绿色建筑委员会，英文名称 China Green Building Council，缩写为 ChinaGBC）于 2008 年 3 月正式成立，是经中国科协批准，民政部登记注册的中国城市科学研究会的分支机构，是研究适合我国国情的绿色建筑与建筑节能的理论与技术集成系统，协助政府推动我国绿色建筑发展的学术团体。华东建筑集团股份有限公司［原上海现代建筑设计（集团）有限公司］为中国绿色建筑委员会的副主任单位，与加拿大绿色建筑委员会和美国绿色建筑委员会进行长期的交流。

2014 年应加拿大绿色建筑委员会的邀请，以中国绿色建筑委员会副主任委员、华东建筑集团股份有限公司总裁张桦为团长的中国绿色建筑与节能委员会代表团，于 6 月 2—6 日参加了在多伦多举办的加拿大绿色建筑大会和博览会，并在会上做了题为《从绿色建筑走向绿色生态城市》的主旨演讲。此外，中国绿色建筑委员会代表团还参观了加拿大绿色建材展，对加拿大绿色技术与产品进行了较为直观与深入的了解。该展的主要展品包括：节能环保建材，保温隔热材料；供暖、通风与制冷设备；同层排水设备；智能照明系统；可再生能源利用系统等。在加拿大期间，代表团参观考察了 Waterfront 社区更新开发项目、UBC 大学可持续研究中心（CRIS）、加拿大林业中心实验室、温哥华列治文速滑馆、River Green 住宅项目、北温哥华市政厅 6 个项目，这些项目涵盖了社区项目、学校建筑、办公建筑、住宅建筑等类型，为我们了解加拿大绿色建筑的发展提供了第一手资料。

为了更好地宣传和普及本次考察所获取的资料，我们将有价值的资讯和经验汇编成《加拿大绿色建筑与滨水地区可持续性绿色更新考察报告》一书。本书主要从绿色建筑单体优秀案例和多伦多滨水地区的可持续性绿色更新两个方面阐述了加拿大在绿色城市建设方面的实践经验。希望本书的出版，能够为从事城市管理、工程建设各方的相关人员提供帮助和指导。

华东建筑集团股份有限公司

2015 年 11 月

前　言

可持续或绿色城市建设是当今城市工程建设和管理领域的重点方向和热门话题。可持续或绿色城市建设涉及生态环境、交通、建筑、能源、废弃物等多个领域，是一项复杂的系统工程，城市的可持续性目标改造对于已建成的城市具有更加现实的价值和意义。

本书主要从绿色建筑单体优秀案例和多伦多滨水地区的可持续性绿色更新两个方面阐述了加拿大在绿色城市建设方面的实践经验，内容涵盖加拿大近年来的绿色建筑发展状况、多伦多滨水地区的可持续性绿色更新、绿色建筑单体案例以及 2014 年加拿大绿色建筑获奖项目等内容。多伦多滨水地区的可持续性绿色更新从能源、交通、空气、水、土壤与地下水、自然遗存、固废管理、环境评估、管理及政策八方面较为详尽地从问题出发，提出了相应的改进技术措施并分析了其效果，对于国内很多城市的绿色更新具有极大的借鉴意义，内容有条理，并有大量的具体数据支撑，具有较好的可读性。13 个绿色建筑单体案例包括列治文速滑馆、UBC 大学研究中心、MEC 商店（Mountain 设备合作社）、Goldcorp 采矿创新宿舍、北哥伦比亚大学生物能源工厂等，建筑类型较为丰富，主要特点论述及配图使读者能够很快地理解项目的绿色精髓，并获得一定的感官认识。

华东建筑集团股份有限公司不仅参与大量具有社会影响力的标志性绿色建筑物的设计，还积极参与国际学术交流，推荐和翻译国际上有关的最新学术专著。继 2008 年出版《建筑与太阳能——可持续建筑的发展演变》之后，陆续出版了《建筑零能耗技术》《太阳能光伏建筑设计》《可持续城市设计》等译著。本书是基于张桦和田炜两位同志的考察报告和本次加拿大绿色建筑与滨水地区可持续性绿色更新考察的大量第一手资料翻译和整理而成，其中第二章"多伦多滨水地区可持续性绿色更新"内容整理自《多伦多滨水地区勘察和环境更新策略研究报告》，附录"2014 年加拿大绿色建筑获奖项目集"内容整理自《可持续建筑杂志——加拿大绿色建筑 2014 年获奖项目专刊》。

本书编译工作由华东建筑集团股份有限公司完成，参加翻译的人员有：田炜、王潇俊、陆红花、夏麟、尹金戈、刘剑、陈湛、刘羽岱、李海峰、任国辉、胡国霞、叶少帆、瞿燕；译校工作主要由王潇俊、夏麟承担完成。我们非常感谢对本书的出版工作做出无私、真诚奉献的所有工作人员。限于时间及水平，有不当之处，敬请读者批评指正。

华东建筑集团股份有限公司

2015 年 11 月

目 录

第一章

加拿大绿色建筑发展状况

加拿大国内绿色建筑评价标准主要有LEED①、GBTOOL②等，目前绝大部分城市、机关和企业建筑都采用了 LEED 评价标准。加拿大对 LEED 的承认始于 2004 年在温哥华的全国办公大楼建筑，该项目获得了 LEED 金奖。

2005—2010 年，加拿大不列颠哥伦比亚省癌症研究中心、温哥华会议中心、温哥华水族馆等示范建筑都获得了 LEED 认证。温哥华作为2010 年冬奥会的东道主，成为了史上第一座要求其所有新建建筑都达到 LEED 金奖或银奖认证的冬奥会举办城市。截至 2014 年 10 月，加拿大有超过 5 000 个项目获得了 LEED 预认证，其中 1 878 个项目是通过认证评级的，见图 1-1。

截至 2013 年底，包含预认证项目在内的所有项目总建筑面积达 8 153 万 m²，这一认证率仅次于美国。2013 年共有 587 个加拿大项目获得了认证，其中近 40% 的项目都获得了 LEED 认证的高分，包括 173 个项目获得了金奖，32 个项目获得了白金奖。

所有项目中 LEED NC③&CS④占据了49%，其次是 LEED EB⑤占据了 31%；所有项目中 42% 的投资者为地产商，29% 为各级政府，其余包括大学、医疗、教育机构等（图 1-2、图 1-3）。

据统计，加拿大获得 LEED 认证的办公建筑的能耗水平普遍在 162 kW·h/（m²·a），低

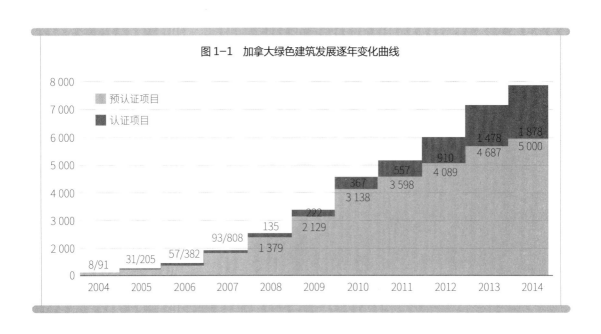

图 1-1　加拿大绿色建筑发展逐年变化曲线

① 　LEED: Leadership in Energy and Environmental Design，是美国绿色能源与环境设计先锋奖的简称。
② 　GBTool 是加拿大自然资源部发起并领导的一种绿色建筑评价操作系统。
③ 　LEED NC 是 LEED 针对新建建筑的评估体系
④ 　LEED CS 是 LEED 针对核心和外壳的评估体系
⑤ 　LEED EB 是 LEED 针对既有建筑的评估体系

于常规加拿大办公建筑 350 kW·h/（m²·a）的平均能耗，远低于多伦多地区典型办公建筑 640 kW·h/（m²·a）的能耗水平（图 1-4）。

据统计，自 2005 年起，在加拿大获得的绿色建筑共节省了 2 630 652 MW·h 的能源，足够在一整年内为加拿大 89 271 户家庭提供电力；这些绿色建筑减少了 512 672 t 温室气体的排放，相当于每年从马路上减少了 96 913 辆汽车；共节水 5 600 000 m³，相当于 2 252 个奥运会比赛级别的游泳池的水量；回收了 2 700 000 t 的建筑施工和拆迁废弃物，相当于 841 126 辆垃圾车的清运量；安装了 121 309 m² 的绿色屋顶，相当于 80 个美国职业冰球联盟的比赛场地，降低了城市热岛效应，减少了城市的潮汐水量。

目前，温哥华市正在实施"2020 最绿城市行动"，目标是在 2020 年使温哥华成为全世界最绿色的城市，以达到更洁净的空气、更多地使用绿色交通、更多地减少温室气体排放等目标。这一行动计划得到了政府的政策引导和法律支持。开发项目需要根据项目特点，建设能够通过 LEED 金奖认证的建筑，并根据当地能源规范必须实现降低能源成本 22% 的目标。自从引入该政策以来，温哥华的 LEED 金奖项目已经增加了 46%，在节省城市能源成本的同时，还因绿色建筑而创造出了新的就业机会。

随着对 LEED 认证需求的不断增加，LEED 专业人士的数量也不断攀升。加拿大全国拥有超过 3 800 名 LEED 认可的建筑专业人士。他们的经验使加拿大的建筑业满足了社会对各类高性能建筑激增的需求。

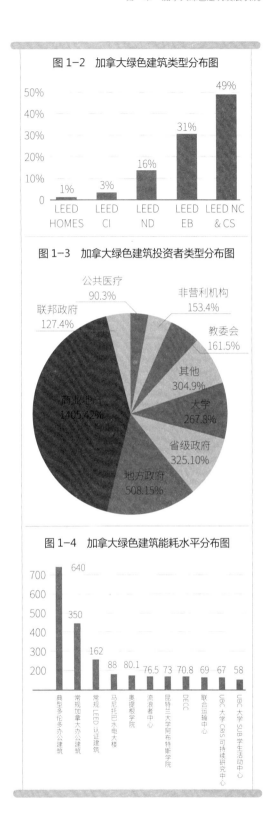

图 1-2 加拿大绿色建筑类型分布图

图 1-3 加拿大绿色建筑投资者类型分布图

图 1-4 加拿大绿色建筑能耗水平分布图

第二章

多伦多滨水地区可持续性绿色更新

多伦多市政府正致力于完成其雄心勃勃的使命——更新改造多伦多长期以来被忽略的滨水区域，使其重新焕发青春。多伦多滨水地区改造的任务是将多伦多变得更宜居、更可持续、在全球舞台上更具有竞争性。2001年，加拿大联邦政府、安大略省以及多伦多市三级政府开展了历史性的合作，共同研究开发多伦多滨水区域的潜在机遇。三级政府组建了一个新的开发机构——滨水多伦多开发公司，为多伦多市、安大略省以及加拿大人民建设一个高水平的滨水新区。

在2001年4月至2013年3月间，滨水多伦多公司投资了12.6亿美元用于前期规划和实施更新项目，采用了直接投资和与其他公共部门基础设施共同投资两种方式。迄今为止，全部投资已经为加拿大经济创造了32亿美元的经济收益以及16 200个就业岗位。另外，各级政府投资税收收益分别为：联邦政府3.48亿美元，省政府2.37亿美元，多伦多市3 600万美元。

多伦多市和安大略省的主要经济领域均因滨水多伦多项目获益颇丰。滨水多伦多项目约88%的经费支出用于多伦多市，约96%在安大略省内。经费支出的最大部分，占比37%，将近4.69亿美元，投入到与工程建设相关的行业。这些经费支出支撑起行业高技能以及高工资就业岗位。建筑材料和设备这些建筑行业相关产业的下游经费支出，大部分来源于加拿大各公司。

滨水多伦多项目主要带动创造型和知识型行业相关产业，包括科技专业服务领域的设计、工程以及环境服务，以及金融、保险、房地产和租赁领域。这两大领域分别占滨水多伦多项目总成本的28%和17%。

多伦多滨水区域的发展愿景正逐步被实现。很显然，滨水区域的振兴开发正在推动加拿大的经济发展！

| 第一节 | 能源、交通、空气、水的技术策略

一、能源消耗改进策略

（一）引言

加拿大是一个高度发展的工业化国家，处于冬季寒冷地区且能源费用较低，加拿大的居民已经习惯于能源使用所带来的便利。

由于使用能源所带来的好处，导致其所带来的负面影响常常被忽略。例如，燃烧化石燃料会直接引起空气质量下降和气候变化等恶果。

多伦多滨水区的复兴为改善能源和环境的可持续性提供了难得的机遇。多伦多滨水区的能源策略目标是实现当地的发电量多于耗电量，并同时满足空气质量的持续改善。

在安大略省，住宅和办公建筑的能耗占据了总能耗的很大部分，将近20%的能耗来自住宅，14%的能耗来自商业建筑，其余来自工业能耗。住宅建筑和商业建筑产生了不低于30%的二氧化碳、28%的氮氧化合物和14%的二氧化硫排放量。

随着该地区建筑能效标准的提高，家用电器和照明效率的提高，以及住户、业主和租户的行为改变，安大略居住建筑的人均能耗将会在2000年至2020年间减少12%，商业建筑的人均能耗趋向于一个相对稳定的恒量，见图2-1。

但是由于该地区人口持续增长，造成能源

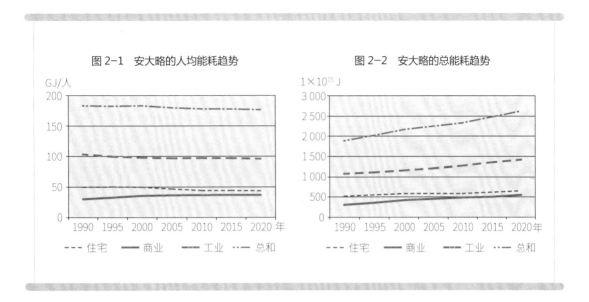

图 2-1　安大略的人均能耗趋势　　　　图 2-2　安大略的总能耗趋势

总体消耗的净增长，人均能源降低的作用受到影响，见图 2-2。面对这样的问题，该地区采用了一些积极的能源策略来减少人口增长所带来的能源增长。

（二）能源策略及技术措施

该地区为了减弱能源消耗的影响，制订了一系列主要原则：

◎ 通过更高的能效准则以及更高效的能源生产，来减少能源的需求。

◎ 通过本地区的能源供应，来满足滨水区的能源需求。

◎ 优化使用对环境影响小的可再生能源，使其具有经济可行性。如果这些可再生能源不能满足需求，可以采用洁净技术产生的电（因其所带来的环境影响弱于电网供电）。

◎ 将滨水区所采用的能源措施推广到多伦多市的其他地方，这样能源消耗对于整个多伦多市的影响就会减弱。

该地区提出了一个能源计划的概念性框架，见图 2-3。

1. 能源结构调整

加拿大自然资源部的预测表明：燃煤发电有一个逐步淘汰的过程，且核能的发电量也会有所衰减，水力发电会保持相对恒定，而电力供应的平衡将由转变过的天然气发电来填补（图 2-4）。

2. 节能建筑标准的提升

在过去的几十年里，加拿大的住宅的能效一直在提高。因此，如今的新建建筑要比十几年前的建筑的节能性提高 30% ~ 40%。

在商业建筑方面，新建建筑也变得越来越节能。这些改善源于遵循了例如 ASHRAE 90.1（由美国供热制冷和空调工程师协会编制）和 MNECB（加拿大政府的全国建筑能源规范）等技术规范。MNECB 与之前的建筑规范相比，它的独特之处在于它强调环境保护和资源节约，而不是建筑功能上和结构上的完整性。通过制订一系列系统的最低标准，如：建筑材料和围护结构、暖通系统、照明和热水加热装置等影响建筑能效的相关系统，来实现能耗降低。值得注意的是，MNECB 的目的并不是推动最新的节能设计方案

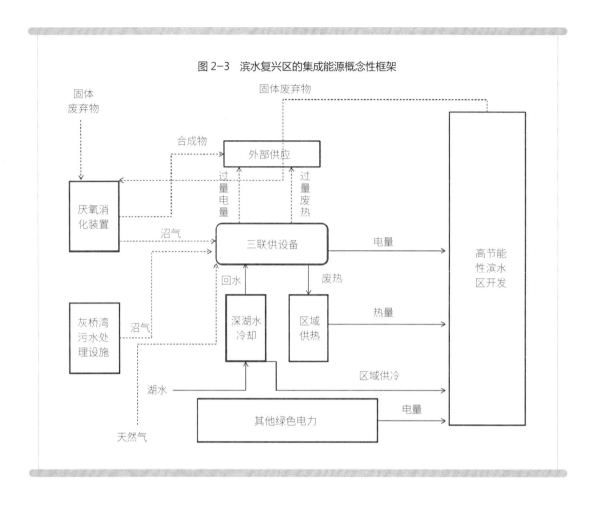

图 2-3　滨水复兴区的集成能源概念性框架

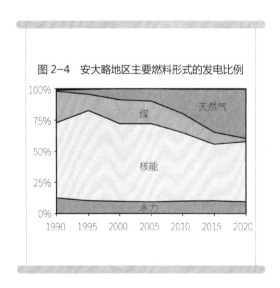

图 2-4　安大略地区主要燃料形式的发电比例

的使用。MNECB 体现的是采用常规的、市场成熟的且经济可行的技术来促使新建建筑能效达到可能的最高水平。

在既有建筑节能改造上针对不同的功能建筑，分别采用了不同对策。①住宅方面：绿色节能公司通过与多个市政项目（例如，员工节能项目，家庭赏金等）进行合作来提供节能改造服务。通过加入这些项目，住宅的能耗能够得到削减，达到了二氧化碳和烟雾减排量削减 20% 的效果。②商业方面：以改善能源利用和抑制多伦多的二氧化碳排放为目标，多伦多 BBP 合作组织整合了一个全面能效和建筑翻新方案策略。这一项目促进了不少于 450 栋建筑的节能改造，实现了每年减排二氧化碳 132 000 t 和节约运行费用 1 900 万美元。③市政机构方面：从 1990 年起，多伦多市已经使市政机构设施的能耗降低了将近 15%，而且所有的政府部门还在考虑进一步削减。据预测，能耗还可以进一步减少 25%。最近，负荷转移已经在市政工程和紧急服务中得到了成功实施。在这个方案中，下水道的污水在电价较为便宜的波谷段进行泵送，燃煤发电供往电网的电力也会相应地下降。波谷段的电价更为便宜，而与能源使用相关的二氧化碳平均排量也有所减少，因此同时兼备经济和环境双重效益。

通过咨询其他政府部门、工业和业主，多伦多市选择制定一个更高的标准。基于加拿大自然资源部的预测，多伦多主城区的能源消耗如图 2-5 所示。情况 1 表示低速发展情况；情况 2 表示中速发展情况；情况 3 表示高速发展情况，比情况 2 高 50%。总的来说，这三种情况被认为代表了滨水区复兴的一个合理发展速度区间，见表 2-1。

为了确定超过 MNECB 标准要求部分产生的潜在效益，多伦多滨水地区勘察和环境更新策略研究报告提出了两种节能标准的方案。

方案Ⅰ——高能效设计：指使建造滨水区所有的商业和住宅建筑达到能效需比 MNECB 标准的要求高 25% 以上。

方案Ⅱ——极高的能效设计：这一方案认为当前最新的技术能够实现极高的能效水平，能效性能需比 MNECB 标准高 50%。

两种节能标准方案的节能减排效果如表 2-2 所示。

如果在滨水区全面实施方案Ⅰ，将会使电力和天然气的消耗量分别下降 25.8% 和 17.1%。能源消耗的削减也即是大气排放量的大量削减。

在方案Ⅱ中，总电力消耗量将会下降 40%，而天然气的消耗量将会下降 22.8%（即表 2-2 和表 2-3 中的总量）。和电网相比，二氧化碳的排放量减少 16.9%，氮氧化物的排放量减少

表 2-1　低中高发展情况下的重建滨水区（全部建筑）

	情况 1	情况 2	情况 3
住宅单元数量	20 000	40 000	60 000
人口数量（1.7 人/住宅单元）	34 000	68 000	102 000
新增雇员（人）	17 500	35 000	52 500
新增商业面积（m²）	600 000	1 200 000	1 800 000

表 2-2　与 MNECB 标准相比采用高能效设计（方案Ⅰ）的能源消耗和排放的减少量（其数值用相对于多伦多主城区的能耗和排放量的百分数来表示）

	假设在情况 1、2 和 3 下采用电网电力（%）	假设在情况 1、2 和 3 下采用燃煤发电（%）
电量	-25.8	-25.8
天然气	-17.1	-17.1
二氧化碳	-12	-29.5
氮氧化物	-4.3	-12.4
二氧化硫	-6.7	-33.5

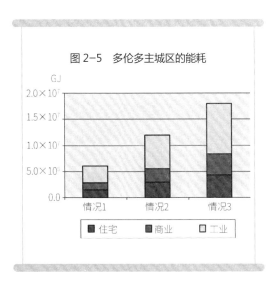

图 2-5　多伦多主城区的能耗

表2-3　与采用高能效设计（方案Ⅰ）相比，采用极高能效设计（方案Ⅱ）的能源消耗和排放的减少量（其数值用相对于多伦多主城区的能耗和排放量的百分数来表示）

	假设在情况1、2和3下采用电网电力（%）	假设在情况1、2和3下采用燃煤发电（%）
电量	-14.2	-14.2
天然气	-5.7	-5.7
二氧化碳	-4.9	-14.5
氮氧化物	-1.9	-6.3
二氧化硫	-1.9	-18.4

6.2%，二氧化硫的排放量减少8.6%。和燃煤发电相比，减排量的数据将更为显著，其中，二氧化碳减少16.9%，氮氧化物减少18.7%，二氧化硫减少51.9%。

3. 深度湖水降温

用于空气调节的能耗占了商业和住宅能耗的很大比例。在多数情况下，制冷所需要的能源是由电力提供的。在多伦多，城区的夏季制冷能耗需求占了整个电力负荷的55%。空调能耗的需求也进一步加剧了城市热岛效应。

常规的空调系统对环境有着很大的影响。由燃烧化石能源所产生的电力驱动的空调机组会导致大气污染物、温室气体（尤其是二氧化碳）的排放和酸雨的产生。当很高的电力需求是由在安大略的燃煤发电来满足或从其他辖区购买燃煤所发的电量来满足峰值需求时，这一状况在夏季高温天气会进一步恶化。根据独立市场运行商在2002年8月发布的市场报告，在2002年的夏季，安大略电力消耗创下了新高，其电力消耗超过了25 000 MWh。另外，常规制冷机组中所采用氟氯烃（CFCS）的泄漏会造成臭氧层的破坏。基于这些负面的环境效应，传统由电力驱动的空气调节和可持续地创造市区环境是不兼容的。

因此通过减少制冷的需求量，对于滨水区降

低能耗和改善环境具有重要的意义。多伦多市采用了一种独特的环境变革的空调方式——深度湖水降温。深度湖水降温的概念是指利用自然冷水作为建筑降温的冷源。

在冬季，当安大略湖的表面水温降低到4℃时，湖水的密度达到最大并下沉到湖水的底部。在夏季回水被加热，但由于其密度较小，被加热的湖水仍处于湖水的表面。这一过程使得在安大略湖大约85 m深处形成了冷水的储量库。深度湖水降温的概念包括了构建一个从多伦多岛以南5 km处的冷水储量库的取水口。从湖中泵送的冷水将为坐落于滨水区中部的区域建筑能源系统提供冷源。与传统的制冷系统相比，深度湖水降温可以减少95%的制冷能耗。更低的能耗意味着较少的环境影响（例如，发电所产生污染物的减少和制冷机所可能泄露氯氟烃的减少）。多伦多所具有的市区密度高、需要全年供冷和邻近一个恒定的冷水源等一系列特点，使得多伦多成为利用深度湖水降温的应用对象。因此，深度湖水降温将成为重要的管控城市能源的机遇。

该系统所需要的基础设施包括多个大直径的吸水口、泵站以及冷水输配管网。针对多伦多滨水区，深度湖水降温按照两种方式实施。方案Ⅰ：为滨水区现有城市的建筑提供区域制冷；方案Ⅱ：为滨水区复兴行动采用分散式系统关联新的开发区服务。下面将描述这些系统的详细情况以及通过实施这些系统所能达到的能源消耗和环保效益。

1）方案Ⅰ——为滨水区现有城区的建筑提供区域制冷

方案Ⅰ能够抵销掉新滨水区居民引起的部分排放量，作为一个可以抵销这些不可避免的环境影响的途径，方案Ⅰ确有巨大的应用潜力。

多伦多滨水区域能源系统建立于20年前的多伦多区域能源系统（由Enwave运营），是北美第三大的区域能源系统。这一系统配备有三台现代化的蒸汽发电机组，通过 20 km 长的输配管网为从湖滨到皇后公园的 115 个商业客户供热。

除了区域供热，采用常规制冷机的区域供冷也为多伦多滨水区中部的很多建筑提供服务。这一系统在 1997 年投入运营，其冷水机组设立在多伦多的 MTCC（地铁协会中心）。目前该系统为 MTCC、加拿大航空中心、Steam Whistle Brewing 公司以及 TrizecHahn Telecommunications Carrier 酒店提供冷冻水。

多数情况下，滨水区中心部分的现有建筑使用的是独立的电驱动制冷机组。除了这一系统形式的效率不高外，因为峰值负荷是由燃煤发电来满足的，在冷负荷峰值期间驱动制冷机的电力生产也加剧了空气质量的恶化。方案 I 的目的是为了提高运行效率，并避免加剧为建筑供冷而造成环境破坏。

方案 I 的当前计划包括建立新的引水口输配来替代当前通过多伦多过滤水厂处理的市镇饮用水的供应，满足深度湖水降温项目的需要。在过滤水厂处理之后，冷的湖水将被送至约翰街的泵站（JSPS）。然后，市政饮用水将通过现有的市政输配管网进行输配，而冷却降温将通过闭式的降温输配系统环路来实现。在提供足够的冷量之后，闭式环路系统中的水被泵送回冷冻水机组进行下一轮制冷循环。

深度湖水降温的方案 I 可以构成一体化区域制冷系统的一部分，这一系统的作用范围将覆盖多伦多市区从湖滨到国王街的部分，甚至更大范围。

2）方案 II——为滨水区复兴行动关联新的开发区服务

深度湖水降温的第二阶段，即方案 II，将为波特兰新滨水区的繁荣发展提供区域供冷。方案 II 采用开式环路系统。在这一方案中，从安大略湖引出的湖水将通过当地的输配管网输送到目标建筑。冷水引入口可能坐落于托米汤普森（Tommy Thompson）公园之外。与该系统相连接的建筑需要配备热交换器从湖水中提取冷量到独立的制冷系统当中。

在提供足够的冷量之后，湖水可用于不作为饮用水的其他用途。这些用途包括冲厕、灌溉以及工业设备的用水。依据需要的冷却水量的不同，其将有助于减少现有供水设施的负担，同时也能为滨水区的发电联产设备提供所需的冷却水。

通过利用安大略湖的冷源，深度湖水降温的方案 I 有望每年减少 35.2 GW·h 电量的使用。这一电力消耗减少所带来的环保效益如表 2-4 所示。

表 2-4　实施深度湖水降温的方案 I 电力消耗和排放的减少量（其数值用相对于多伦多主城区的能耗和排放量的百分数来表示）

	假设采用电网电力情形			假设采用燃煤发电情形		
	1 %	2 %	3 %	1 %	2 %	3 %
电量	-8.3	-4.1	-2.8	-8.3	-4.1	-2.8
二氧化碳	-1.3	-0.7	-0.4	-6.9	-3.4	-2.3
氮氧化物	-0.7	-0.3	-0.2	-3.3	-1.6	-1.1
二氧化硫	-2.1	-1.1	-0.7	-10.7	-5.4	-3.6

虽然方案 I 主要服务于滨水区的现有建筑，但其也会有助于减少新滨水区的能耗和大气排放。依据所考虑的不同发展状况，电力消耗将有 2.8%～8.3% 不等的减少量。如果与夏季制冷可能采用的燃煤发电相比，排放量的减少会达到最大。然而，发电量的减少也会带来可预测的

TRC[1]排放量的减少。

深度湖水降温方案Ⅱ的好处是有利于满足新型设备的功能需求（例如，如果建筑的热性能较好，所需要的冷量也会较少，采用深度湖水降温所带来的减排量也会相应减少）。对所需要的制冷量和方案Ⅱ的效益进行评估，需要假设新滨水区的所有新建建筑均采用了节能方案。深度湖水降温的方案Ⅱ的环保性能也将在两套能效标准下进行评估。表2-5给出了评估的结论。

表2-5 实施深度湖水降温的方案Ⅱ电力消耗和排放的减少量（其数值用相对于多伦多主城区的能耗和排放量的百分数来表示）

	假设在情况1、2和3下采用电网电力（%）	假设在情况1、2和3下采用燃煤发电（%）
高能效（比 MNECB 高 25%）		
电量	-45.5	-45.5
二氧化碳	-7.2	-38
氮氧化物	-3.7	-18
二氧化硫	-11.8	-59
极高能效（比 MNECB 高 50%）		
电量	-30.3	-30.3
二氧化碳	-4.8	-25.3
氮氧化物	-2.5	-12
二氧化硫	-7.9	-39.4

方案Ⅱ的环保性能对于所有的发展情形都是一样的。但是，采用极高的能效标准所建设的建筑能耗和排放更低。深度湖水降温的方案Ⅱ与其他能源相结合的减排量将有助于创建一个可持续的滨水区能源策略。进一步效益可以通过实施方案Ⅰ和在多伦多市的其他区域推广制冷系统来实现。

深度湖水降温方案还具有一些附加效应。

（1）对水质的影响 根据方案Ⅱ的规模，深度湖水降温将以接近每秒 10 m³ 的速度从安大略湖取水。对于深度湖水降温系统，所利用的水的温度会上升并最终排入到安大略湖的表面水层。据估计，安大略湖的深水层（水温为 4℃ 的水层）的再生速率为每秒 10 000 m³。也就是说，取水速率是再生速率的 0.1%，因此，深度湖水降温所取的水量对安大略湖的水体只有轻微的影响。同理，回水虽然有略微的水温上升，但不会对安大略湖的水环境产生影响。事实上，深度湖水降温的回水还可以用作化石燃料和核发电站的冷却水。另外，深度湖水降温会减少常规电厂所需要的发电量以及发电设备所排放的热量。

（2）减少臭氧层破坏 采取逐步淘汰引起臭氧层破坏的制冷剂和改善制冷剂泄漏的检测技术等政策的目的在于显著减少制冷机排放到空气中的制冷剂。而深度湖水降温几乎可以完全消除制冷系统中的这类化学物质的影响。

（3）其他效应 深度湖水降温建造的影响很大程度上取决于冷水取水口的设置。基于针对方案Ⅰ的环保评估，施工建造所产生的负面影响能够被深度湖水降温所产生的积极影响抵扣并消除。对于方案Ⅰ，由于取水口设置于藻类生长水层以下，饮用水取水口需重点关注夏季藻类生长所引起的饮用水水质问题。就室内和室外环境而言，深度湖水降温可以减少建筑内的制冷机组、风机和冷却塔所产生的噪声和视觉污染。通过消除设置家用冷却设备的需要，会有大量的使用面积节省下来。相应的，也会使得能源的利用更高效，建筑内获得更多的可使用空间。

4. 热电联产及区域供热

热电联产可以将发电产生的废热进行利用，

---

① TRC 是 Toronto Reference Community 的英文简称，意为多伦多主城区

因此是一个相对一般发电更为高效的过程。这一技术可产生两种可供使用的能源（电和热）。通过与区域能源系统相结合，可进一步加强能源生产和分配的效率。总之，这一能效的提高有望大量地削减与发电相关的环境影响。

通过优化产电和产热的效率，高效的热电联产技术将会减少大气排放量，并在保证可靠的电力供应的情况下，使得滨水区的更新改造所带来的环境影响最小化。

如表 2-6 所示，如果和电网电力或煤炭发电相比，热电联产和区域供热将会导致滨水区天然气消耗量的增加。然而，这一增长将伴随着大气排放的显著减少。例如，假设所建的建筑均经过高能效设计（MNECB+25%），如果采用电网电力，那么二氧化硫的排放量将会减少 19.3%；如果采用燃煤发电，那么排放量将会减少 96.2%。

表 2-6　采用热电联产与区域供热方案能耗和排放的变化（其数值用相对于多伦多主城区的能耗和排放量的百分数来表示）

	假设在情况 1、2 和 3 下采用电网电力（%）	假设在情况 1、2 和 3 下采用燃煤发电（%）
高能效（比 MNECB 高 25%）		
燃气	16.8	37.5
二氧化碳	3.6	-46.6
氮氧化物	-0.8	-24.1
二氧化硫	-19.3	-96.2
极高能效（比 MNECB 高 50%）		
燃气	16	32.8
二氧化碳	4	-36.6
氮氧化物	-0.3	-19.2
二氧化硫	-15.6	-77.9

注：表中的负值表示能耗或排放的减少，正值表示增加。

5. 土壤源热泵

土壤源热泵非常适合类似于多伦多这样一年之中既有采暖负荷又有制冷负荷的地方。土壤源热泵一般依靠闭式环路和埋管中的循环液体来吸收和转移建筑和土壤两者之间的热量。热泵设置于建筑内部，冷量和热量通过常规 HVAC[①] 系统的管道进行输配。与采用能源创造热量和冷量不同，热泵只是把现有的能量进行转移。热泵具有"免费"能源的头衔，一份能量驱动热泵至少可以产生三份的冷量或热量。与消耗每份能效最高可以产生 0.9 份热量的常规供热系统相比，热泵有着巨大的优势。

如果滨水区更新改造的新建住宅建筑和公共建筑的所有冷热负荷均由土壤源热泵来满足，预计可以减少 31% 的供热和制冷能耗。假设这一减少量与滨水区的一样，则表 2-7 中所示为减排

表 2-7　采用土壤源热泵满足供热与制冷需求的能耗和排放量的初步估计（其数值用相对于多伦多主城区的能耗和排放量的百分数来表示）

	假设在情况 1、2 和 3 下采用电网电力（%）	假设在情况 1、2 和 3 下采用燃煤发电（%）
高能效（比 MNECB 高 25%）		
电	4.4	4.4
燃气	-13.9	-13.9
二氧化碳	-5	-1.6
氮氧化物	-1.8	-0.3
二氧化硫	1.1	5.7
极高能效（比 MNECB 高 50%）		
电	2.9	2.9
燃气	-9.3	-9.3
二氧化碳	-3.3	-1
氮氧化物	-1.2	-0.2
二氧化硫	0.8	3.8

注：表中的负值表示能耗或排放的减少，正值表示增加。

---

① 　HVAC 是 Heating, Ventilation and Air Conditioning 的英文缩写，就是供热、通风与空气调节。

量的总结。

上述信息表明：采用土壤源热泵的能耗和环保优势，相对而言不是很突出。虽然天然气的消耗有了大幅度减少，但是电力的消耗却稍微增加了。假设电能来自于电网供电，这一增加量来源于驱动热泵系统所需额外机械／电能。因此，电力消耗的增加也会相应地使得二氧化硫排量增加。

很大程度上，土壤源热泵的环保性能与发电所引起的排放量有关。在发电对化石能源依赖性很低的地区（例如魁北克），与额外的电力消耗相关的排放量就显得很小。然而，在安大略，大量的电能是由化石燃料产生的，这就会降低使用地热能所带来的环保效益。

土壤源热泵的初步分析表明，这一技术有望减少滨水区新建建筑的天然气消耗量。然而，这一消耗量的减少并不会使大气排放有明显的减少。事实上，在一些情况下，土壤源热泵将比常规供热和制冷技术导致更多的排放量（例如二氧化硫）。因此，出于地热源系统本身的投资成本的考虑，只能采用土壤源热泵满足一部分能源需求，其他能源需求采用其他能源来满足是较好的配置方案。

6. 绿色能源

依据环保计划，多伦多市需要实现 25% 的能源来自于"绿色能源"的目标。期望更新改造后的滨水区实现同样或更高的目标也是合理的。为了实现"绿色能源"的使用指标，需要利用来自于可再生能源，例如水力、太阳能和风能。目前多伦多所消耗能源的 10% 可以认为是"绿色能源"，因为其所采用的电力一部分来自于水力发电。

水力发电的百分比在当前至 2021 年不会发生大的改变。因而，就需要寻求其他绿色能源技术来帮助实现 25% 绿色能源的目标。在滨水区，存在很多有希望的选择，如风能和太阳能。

1）风能

加拿大已开始利用风力发电。在魁北克 Nodais 风力场的 134 台风力机组（每个 750 kW）有 100 MW 的总发电容量。类似的风力发电场在加拿大其他适合风力发电机组高效运行的地方也存在。在安大略省的南部，风力相对较弱，很多小型的风力发电设施正在规划中。安大略发电厂已经在 Pickering 建立了一个大型的发电机组（1.8 MW），并正在考虑在 Huron 湖建立一个发电容量为 10 MW 的风力发电场。目前，（THESI）多伦多水力能源服务公司和（TREC）多伦多可再生能源合作社正在滨水区共同建立三个风力发电场，其中一个已经在会展处选址。

为了探知风能的潜在效益，因而评估了在滨水区建立大型的风力发电场能够实现的减排量。假设这一设施的总能源输出大致为每年 55 GW·h。采用类似于 THESI 和 TREC 提议在滨水区使用的风力发电设备，大约需要将近 40 个风电场。由于滨水区的空间限制，风力电场可能会设置于安大略湖中。表 2-8 所示是风电场可产生的减排量。

表 2-8 采用风力发电所引起的减排量（其数值用相对于多伦多主城区的能耗和排放量的百分数来表示）

	假设采用电网电情况			假设采用燃煤发电情况		
	1 %	2 %	3 %	1 %	2 %	3 %
电量	-12.7	-6.4	-4.2	-12.7	-6.4	-4.2
二氧化碳	-2	-1	-0.7	-10.6	-5.3	-3.5
氮氧化物	-1	-0.5	-0.3	-5	-2.5	-1.7
二氧化硫	-3.3	-1.7	-1.1	-16.5	-8.3	-5.5

注：表中的负值表示能耗或排放的减少，正值表示增加。

由以上数据可知，风力发电场实现的减排量非常可观，尤其是和燃煤发电相比。

2）太阳能热水

到 2021 年，安大略省居住建筑部分的能耗预计将占到总能耗的 24%。当前的能源消耗表明，居住建筑能耗的 17% 是用于加热热水。加热热水的能源主要来自电力和天然气，如使用其他能源，其产生的排放也可能因此减少。其中一个可行的途径就是太阳能加热热水。

太阳能热水加热系统所产生的环保性能的提高也是非常可观的，参见表 2-9。计算依据是：住宅建筑按照每户每人安装太阳能集热器 1 m^2，商业建筑按照每人安装太阳能集热器 0.05 m^2。这将分别导致住宅和商业热水加热需求分别减少 66% 和 53%。

太阳能热水器的的应用需要面对的一个挑战就是可安装空间。例如，在情形 2 中，太阳能集热器的总面积有将近 10 个足球场那么大。为避免这一情况的出现，相对较小的人均集热器面积需求（1 m^2/ 人）可以与建筑的设计实现一体化。就太阳能热水加热的成本而言，加拿大自然资源部的报告指出：与过去 10 年中电价一直稳定上涨不同，太阳能热水系统的成本已经降到了 10 年前的三分之一。

基于这一分析，太阳能热水加热可以作为新滨水区节能减排的重要机遇。

3）太阳能采暖

太阳能采暖是指利用太阳光的热能来减少建筑供热所需要的能源。太阳能采暖技术主要分为两类。第一类为被动式采暖，是指通过采用例如深色外墙面、储热材料采用合理表面积以及优化窗户朝向使建筑热能的吸收最大化。第二类为主动式太阳能采暖，也是基于被动式采暖的原理，但是会采用额外的机械能来加强太阳能的传递。

在加拿大推荐使用被称为"太阳能墙"的加拿大主动式太阳能采暖技术。太阳能墙本质上是用来预热引入建筑空气的建筑覆盖层。通过降低供热系统引入空气和室内空气的温差，使得供热的能耗需求随之下降。在多伦多市，正在考虑将这一技术应用于车库和其他建筑。

这一技术提供的太阳能与太阳能墙的面积有关。为了便于分析，假设太阳能墙的面积为新滨水区的所有新建住宅和商业建筑地面面积的 3%。基于这一假设，表 2-10 所示为降低能耗可引起的排放减少量。

太阳能墙的经济性评估表明新建建筑采用这一技术的增量成本极少。能源消耗的减少量使得其可以在两年内实现成本回收。因此，在系统全生命周期内，除表 2-10 中所列出的环保效益外还伴随着供热费用的降低。

表 2-9 更新改造后的滨水区的居住和商业建筑中采用太阳能热水系统所引起的天然气消耗和排放量的减少（其数值用相对于多伦多主城区的能耗和排放量的百分数来表示）

	情况 1、2 和 3 减少的能耗和排放量（%）
燃气	-2
二氧化碳	-0.9
氮氧化物	-0.4
二氧化硫	0

注：表中的负值表示能耗或排放的减少，正值表示增加。

表 2-10 在更新改造后的滨水区采用太阳能墙所引起的天然气消耗和排放量的减少（其数值用相对于多伦多主城区的能耗和排放量的百分数来表示）

	情况 1、2 和 3 下，减少的能耗和排放量（%）
燃气	-2.9
二氧化碳	-1.4
氮氧化物	-0.5
二氧化硫	0.0

注：表中的负值表示能耗或排放的减少，正值表示增加。

4）光伏发电

除了提供热水和采暖，太阳能还可以利用光伏电池转换为电能。这些光伏电池不需要占用很大的面积，可以通过类似于光伏屋面板等产品形式与建筑外围护结构直接结合。虽然使用光伏技术来满足大部分电能需求是强制性要求，但是当前光伏技术因能量转换效率低而有局限性，市场上现有的光伏系统的一般运行效率只有 13%。较低的转换效率较高的发电成本，相应需要更多设备与安装时间。

通过对光伏发电可以在新滨水区发挥的作用作的初步的分析，得到结果如表 2-11 所示（计算假设居住在新滨水区的居民每人 1 m² 光伏板）。

虽然与其他太阳能技术相比排放减少量较低，但光伏技术可以构成削减能耗和环境影响一体化策略的一部分。

表 2-11　在更新改造后的滨水区每人安装 1 m² 光伏板所引起的电能消耗和排放量的减少（其数值相对于多伦多主城区的能耗和排放量的百分数来表示）

	假设在情况 1、2 和 3 下采用电网电力（%）	假设在情况 1、2 和 3 下采用燃煤发电（%）
电力	1.3	1.3
二氧化碳	0.2	1.1
氮氧化物	0.1	0.5
二氧化硫	0.3	1.7

注：表中的负值表示能耗或排放的减少，正值表示增加。

5）燃料电池

燃料电池利用氢气和氧气的化学过程来产生电能、水和热量。氢气可以从任何的碳氢化合物中提取，例如天然气、甲醇或汽油。由于燃料电池依赖化学过程而不是燃烧过程，因此相应的排放量远低于现今最清洁的燃料燃烧过程。

在未来十年应用于建筑的固定燃料电池可能比燃料电池的移动应用更有竞争力。这一能源技术与电力输配系统相结合，可以在未来抵消电力的峰值负荷，而如今这一峰值电力负荷是依靠燃煤来满足的。

在加拿大，巴拉德电力系统、Hydrogenics 和 Kinetrics 以及其他的公司都在积极地参与燃料电池技术的发展，并在全球宣传这一概念。

在 2002 年 2 月，工作和应急服务公司的员工将燃料电池作为其他能源可选方案提交给了安大略省委员会。在给委员会主席的信中，固定的燃料电池被认为是几个重要的供应端方案之一，并且应当在最终报告中予以考虑。此外，来自多伦多市和会展场的员工正筹备在会展场所建立一个燃料电池的示范项目。

（三）小结

能源领域的每一项环境措施都有潜力为更加可持续的滨水环境做出积极的贡献。从整体上看，这些措施的实际潜力都是非常可观的，但是还需要仔细地进行能源系统设计和策略的可行性研究。

在设计能源策略时，需要考虑不同新能源措施的兼容性。在几乎所有的新能源措施应用案例中，这些新能源措施被认为是互补的。例如，高效节能建筑的设计与多联供技术的结合所带来的环境效益要比单独设计考虑要好得多。只有在极少数的情况下，才会出现这些新能源措施互相排斥的现象。

以下内容汇总了采用新能源措施可减少的能耗排放量。

1. 用电量

如表 2-12 所示，根据发展的情景模式不同，总用电量可以下降 75.9% ~ 84.4%。对此贡献最大的是采用深湖水，可以贡献 30.3% 的下降比例。采用高效或超高效节能设计也可以带来可观的节能量。风能方案 Ⅱ 同样有助于减少滨水区对于非可持续能源的需求。需要注意的是新能源措施带来的环境效益可以大幅度减少对于传统电量的需求量，也包括多联供产生的电量。如果这种情形真的发生，那么大多数由热电联产机组产生的电量可以流入当地的电网，并且可供滨水区外居住和工作的人们使用。如果这一切成真，那么滨水复兴区将成为一个电量净输出地。

2. 天然气用量

如表 2-13 所示，许多的能源措施都有为减少滨水复兴区的天然气耗量作出重要贡献的潜力。

表 2-12　采用已评估的新能源措施减少的电网能耗排放量（其数值用相对于多伦多主城区的能耗和排放量的百分比表示）

新能源措施	采用电网电力（%）			采用燃煤发电（%）		
	情况 1	情况 2	情况 3	情况 1	情况 2	情况 3
多伦多主城区	100	100	100	100	100	100
高能效	-25.8	-25.8	-25.8	-25.8	-25.8	-25.8
超高能效	-14.2	-14.2	-14.2	-14.2	-14.2	-14.2
深湖水冷却方案Ⅱ	-30.3	-30.3	-30.3	-30.3	-30.3	-30.3
热电联产	NA	NA	NA	NA	NA	NA
风电场	-12.7	-6.4	-4.2	-12.7	-6.4	-4.2
太阳能热水	NA	NA	NA	NA	NA	NA
太阳能光伏	-1.3	-1.3	-1.3	-1.3	-1.3	-1.3
太阳能热风系统	NA	NA	NA	NA	NA	NA
能耗排放减少量	-84.4	-78.0	-75.9	-84.4	-78.0	-75.9
剩余能耗排放量	15.6	22.0	24.1	15.6	22.0	24.1

注：负值表示能耗排放减少，正值表示指标增加。

表 2-13　采用已评估的新能源措施减少的天然气耗量排放量（其数值用相对于多伦多主城区的能耗和排放量的百分比表示）

新能源措施	采用电网电力（%）			采用燃煤发电（%）		
	情况 1	情况 2	情况 3	情况 1	情况 2	情况 3
多伦多主城区	100	100	100	100	100	100
高能效	-17.1	-17.1	-17.1	-17.1	-17.1	-17.1
超高能效	-5.7	-5.7	-5.7	-5.7	-5.7	-5.7
深湖水冷却方案Ⅱ	NA	NA	NA	NA	NA	NA
热电联产	16.0	16.0	16.0	32.8	32.8	32.8
风电场	NA	NA	NA	NA	NA	NA
太阳能热水	-2.0	-2.0	-2.0	-2.0	-2.0	-2.0
太阳能光伏	NA	NA	NA	NA	NA	NA
太阳能热风系统	-2.9	-2.9	-2.9	-2.9	-2.9	-2.9
能耗排放减少量	-11.7	-11.7	-11.7	5.0	5.0	5.0
剩余能耗排放量	88.3	88.3	88.3	105.0	105.0	105.0

注：负值表示能耗排放减少，正值表示指标增加。

由于热电联产对天然气的依赖（相比于电网，热电联产的电量可由多种燃料产生），在滨水区使用热电联产会导致天然气耗气量的增加。然而，这些增加的耗气量可以由其他措施来补偿，特别是节能措施。和传统电网相比，整体上看天然气耗气量可以减少 11.7%；但当参照燃煤电力时，反而会增加 5% 的耗气量。

3. 二氧化碳

如表 2-14 所示，已评估的节能措施对减少滨水复兴区的二氧化碳排放量的作用非常显著。如果和电网电量相比，滨水复兴区的二氧化碳排放量比多伦多主城区的排放量降低了 20.8% ~ 22.2%。在采用各种策略降低二氧化碳排放和应对全球气候变化的背景下，这些二氧化碳排放的减少量是有非常重大的意义的。

采用燃煤电量作为基准模型，二氧化碳的实际排放减少量超过 100%，因此也意味着滨水复兴区的措施实际可以为整座城市减少二氧化碳的排放作出积极贡献。

就每种措施的贡献率而言，采用高效节能标准建造的建筑对减少二氧化碳的排放量影响最大。此外，还可以通过超高能效标准（图 2-6）、深湖水制冷以及热电联产等措施来降低二氧化碳的排放量。

4. 氮氧化物

如表 2-15 所示，和电网电量相比，如果采用所有能源领域的环境措施，滨水复兴区的氮氧化物的排放量可以降低约 10.4%。高效、超高效节能建筑和深湖水制冷对减少氮氧化物的排放量影响最大。与燃煤发电量相比，能源措施的氮氧化物减少量更为可观。当所有措施均采用时，与参考框架相比，可以减少 53.0% ~ 56.4% 的氮氧化物排放量。这些措施带来的降低排放信用率[①]（Emissions Reduction Credits, ERCs）对于

表 2-14　采用已评估的新能源措施减少的二氧化碳排放量（其数值用相对于多伦多主城区的能耗和排放量的百分比表示）

新能源措施	采用电网电力（%）			采用燃煤发电（%）		
	情况 1	情况 2	情况 3	情况 1	情况 2	情况 3
多伦多主城区	100	100	100	100	100	100
高能效	−12.0	−12.0	−12.0	−29.5	−29.5	−29.5
超高能效	−4.9	−4.9	−4.9	−14.5	−14.5	−14.5
深湖水冷却方案 II	−4.8	−4.8	−4.8	−25.3	−25.3	−25.3
热电联产	4.0	4.0	4.0	−36.6	−36.6	−36.6
风电场	−2.0	−2.0	−2.0	−1.1	−1.1	−1.1
太阳能热水	−0.9	−0.9	−0.9	−0.9	−0.9	−0.9
太阳能光伏	−0.2	−0.2	−0.2	−1.1	−1.1	−1.1
太阳能热风系统	−1.4	−1.4	−1.4	−1.4	−1.4	−1.4
能耗排放减少量	−22.2	−21.2	−20.8	−119.9	−114.5	−112.8
剩余能耗排放量	77.8	78.8	79.2	−19.9	−14.5	−12.8

注：负值表示能耗排放减少，正值表示指标增加。

---

① 　为污染企业中，废气排放量占某种经济水平的百分比率。

2002 年 1 月引进的省排放减少信用交易方案是合格的。尽管多伦多市还未出台排放减少信用交易的相关政策，但是可以预期这些政策会考虑交易带来的环境和经济效益。

5. 二氧化硫

正如先前的评估所示，这项研究所评估的二氧化硫排放量取决于所替代能源的类型。例如，情况 2 相对于多伦多主城区的总二氧化硫排放量

图 2-6　锡姆科街内的制冷机组（冷机 + 可视化控制面板）
资料来源：http://enwave.com

表 2-15　采用已评估的新能源措施减少的氮氧化物排放量（其数值用相对于多伦多主城区的能耗和排放量的百分比表示）

新能源措施	采用电网电力（%）			采用燃煤发电（%）		
	情况 1	情况 2	情况 3	情况 1	情况 2	情况 3
多伦多主城区	100	100	100	100	100	100
高能效	-4.3	-4.3	-4.3	-12.4	-12.4	-12.4
超高能效	-1.9	-1.9	-1.9	-6.3	-6.3	-6.3
深湖水冷却方案 Ⅱ	-2.5	-2.5	-2.5	-12.0	-12.0	-12.0
热电联产	-0.3	-0.3	-0.3	-19.2	-19.2	-19.2
风电场	-1.0	-0.5	-0.3	-5.0	-2.5	-1.7
太阳能热水	-0.4	-0.4	-0.4	-0.4	-0.4	-0.4
太阳能光伏	-0.1	-0.1	-0.1	-0.5	-0.5	-0.5
太阳能热风系统	-0.5	-0.5	-0.5	-0.5	-0.5	-0.5
能耗排放减少量	-11.0	-10.4	-10.3	-56.4	-53.8	-53.0
剩余能耗排放量	89.0	89.6	89.7	43.6	46.2	47.0

注：负值表示能耗排放减少，正值表示指标增加。

跟电网电量相比可以减少 34%，如果跟燃煤发电量相比可以减少 179.1%，如表 2-16 所示。如果忽略电力来源的不同，每种减排措施的减排效果基本相同，总体上，热电联产，深湖水制冷和高效节能建筑的减排效果更好。

总体来说，滨水复兴区的二氧化硫减少潜力是非常可观的。和电网电量相比，可以减少大约三分之一的新二氧化硫排放量。和燃煤发电量相比，滨水区二氧化硫的排放量可以为多伦多市整体二氧化硫排放量减少作出积极贡献。更不用说这些措施的排放减少信用还满足了安大略交易方案。该方案是由 Works and Emergency Services 在 2002 年主持的一项研究确定的，该研究依据经济和环境效益制订出合理的交易方案。

6. 综合利益

表 2-17 提供了估计的全年能耗需求量、相关气体排放量和能耗需求排放减少量的汇总数据，能耗排放减少量是根据多伦多主城区与滨水复兴区之间进行比较而来。这些估算值反映了能源领域的环境措施的影响。此表也展示出滨水复兴区电网电量的需求减少、天然气需求减少、相关二氧化碳排放量减少、氮氧化物和二氧化硫的排放量减少。所估计的排放量的减少是假定在电量需求的降低会替代电网电量的基础上的。

根据表 2-17 中所估计的能源需求的减少（如电量和天然气），滨水复兴区的能源费用也会降低。表格 2-18 提供了与减少能源需求量相关的费用初步估算。关于电费和天然气费用的估算并没有把新服务的相关费用计算在内，如深湖水制冷和热电联产 / 区域供热等。尽管表 2-18 提供了节能潜力估算的数量级，但是报告中所阐述的能源措施在决定推进使用之前，应做好详细的全生命周期经济性分析。

表 2-16　采用已评估的新能源措施减少的二氧化硫排放量（其数值用相对于多伦多主城区的能耗和排放量的百分比表示）

新能源措施	采用电网电力（%）			采用燃煤发电（%）		
	情况 1	情况 2	情况 3	情况 1	情况 2	情况 3
多伦多主城区	100	100	100	100	100	100
高能效	-6.7	-6.7	-6.7	-33.5	-33.5	-33.5
超高能效	-1.9	-1.9	-1.9	-18.4	-18.4	-18.4
深湖水冷却方案 II	-7.9	-7.9	-7.9	-39.4	-39.4	-39.4
热电联产	-15.6	-15.6	-15.6	-77.9	-77.9	-77.9
风电场	-3.3	-1.7	-1.0	-16.5	-8.3	-5.5
太阳能热水	0.0	0.0	0.0	0.0	0.0	0.0
太阳能光伏	-0.3	-0.3	-0.3	-1.7	-1.7	-1.7
太阳能热风系统	0.0	0.0	0.0	0.0	0.0	0.0
能耗排放减少量	-35.7	-34.0	-33.4	-187.3	-179.1	-176.3
剩余能耗排放量	64.3	66.0	66.6	-87.3	-79.1	-76.3

注：负值表示能耗排放减少，正值表示指标增加。

表 2-17 滨水复兴区估算的全年能耗需求、相关气体排放和潜在减少比例

	滨水复兴区总量								
	多伦多社区			滨水复兴区			减少比例		
	情况 1	情况 2	情况 3	情况 1	情况 2	情况 3	情况 1	情况 2	情况 3
电量（度/年）	42 600 000	851 000 000	1 280 000 000	121 000 000	241 000 000	362 000 000	71.6%	71.6%	71.6%
天然气（m^3/a）	109 000 000	218 000 000	328 000 000	96 000 000	193 000 000	289 000 000	11.7%	11.7%	11.7%
二氧化碳（t/a）	463 000	927 000	1 390 000	361 000	731 000	1 100 000	22.2%	21.2%	20.8%
氮氧化物（t/a）	1 280	2 560	3 840	1 140	2 290	3 450	11.0%	10.4%	10.3%
二氧化硫（t/a）	1 300	2 590	3 890	834	1 710	2 590	35.7%	34.0%	33.5%

	滨水复兴区人均量								
	多伦多社区			滨水复兴区			减少比例		
	情况 1	情况 2	情况 3	情况 1	情况 2	情况 3	情况 1	情况 2	情况 3
电量（t/a）	12 500	12 500	12 500	3 550	3 550	3 550	71.6%	71.6%	71.6%
天然气（m^3/a）	3 210	3 210	3 210	2 840	2 840	2 840	11.7%	11.7%	11.7%
二氧化碳（t/a）	13.6	13.6	13.6	10.6	10.7	10.8	22.2%	21.2%	20.8%
氮氧化物（t/a）	0.037 7	0.037 7	0.037 7	0.033 5	0.033 7	0.037 8	11.0%	10.4%	10.3%
二氧化硫（t/a）	0.038 1	0.038 1	0.038 1	0.024 5	0.025 2	0.025 4	35.7%	34.0%	33.5%

表 2-18　滨水复兴区估算的全年能耗费用和潜在减少比例

	滨水复兴区总量								
	多伦多社区			滨水复兴区			减少比例		
	情况 1	情况 2	情况 3	情况 1	情况 2	情况 3	情况 1	情况 2	情况 3
电量费用（万加元）	3 190	6 390	910	1 810	2 720	2 720	71.6%	71.6%	71.6%
天然气费用（万加元）	3 490	6 960	10 480	3 100	6 190	9 290	114%	11.4%	11.4%
	滨水复兴区人均量								
	多伦多社区			滨水复兴区			减少比例		
	情况 1	情况 2	情况 3	情况 1	情况 2	情况 3	情况 1	情况 2	情况 3
电量费用（万加元）	93 900	93 900	93 900	22 600	22 600	22 600	71.6%	71.6%	71.6%
天然气费用（万加元）	102 800	102 800	102 800	91 100	91 100	91 100	11.4%	114%	11.4%

注：资金按照到 2002 年为止的电量与燃气费用估算。

二、交通改进策略

（一）背景概况

和所有大城市一样，多伦多面临的交通问题如下：

◎ 因交通消耗的能源，是加拿大各种单项能量消耗中最大的一块，通常约占消耗总能量的三分之一；

◎ 多伦多的车道容量呈下降趋势，因此道路拥堵和交通排放越来越厉害；

◎ 大约 40% 的多伦多土地被用于修建各种交通设施，包括道路、停车场、免停车服务设施和加油站等；

◎ 驾车出行所需要的道路空间是徒步出行所需的 70 倍；

◎ 传统的机动车为主的交通方式正在使自然资源枯竭，同时造成温室效应、臭氧淡化以及水环境问题。

多伦多市政府已开始着手研发针对未来的策略。在"筑波行动"（2001）中提出的"绿色"交通理念取得了一些成效，即通过使用自行车、步行，或者其他无动力的交通方式构建绿色交通系统，以实现其可持续发展的战略布局。目前多伦多的发展趋势很喜人：在过去十年里，多伦多老城区的自行车数量增加了 75%。1996 年，10% 的多伦多市民出行时不乘轿车或者汽车。虽然这个成绩已经很不错了，但其他地区的经验表明，完全可以达到更好的成绩。比如，在其他气候环境与多伦多类似的城市，自觉使用自行车出行的比率，其年增长可达到 30%。

城市海滨区的重建提供了一个可贵的机会来重新评价我们的交通方式，同时探索可以减轻环境影响的措施。多伦多的滨水地区是一个有效实施绿色交通战略的理想区域。它接近城市核心商业区，人口相对密集，城区功能多样，自行车和步行交通模式可以得到很高程度的发展。为了配合该地区的更新，多伦多市政府已经启动了一些辅助性基础设施和政策，如市政自行车发展总体规划；发展滨水地区周边和多伦多其他地区互通的自行车道以及公交路线；培育绿色交通的道路和公交政策以及利于自行车和步行的土地规划（比如，发展综合城区功能）等。

多伦多滨水地区重建的最终目标是建立一个更可持续的交通理念，即可以促成城市交通用能和排放的全面降低。

（二）交通环境变革策略和技术措施

滨水核心区的交通策略的目标是维持当前路网承载能力，同时通过其他手段满足交通需求的增长。

1.交通划分的改变

（1）交通变革提出了三种情形和两个模式。

（2）三种情形如下，见表2-19。

情形1：低密度运输——相当于当前多伦多市的交通划分方式，作为基本案例；

情形2：中等密度运输——一个在基本案例基础上有所改善的交通划分方式；

情形3：高密度运输——一个高密度且可实现的滨水区交通划分方式。

情形2和情形3在滨水区都是可以实现的。

两个模式，指两种公共交通的模式。

模式A——仅使用公交：新滨水区的运输服务将由城市巴士提供（传统的巴士使用市场成熟技术，如柴油）。

模式B——用公交辅以轻轨：75%的新滨水区乘客的转移将由电动轻轨提供，剩下的25%由公交提供。

（3）评价三种情形和两个模式的减排效果。

首先分析了不同公共交通工具20年后的技术减排效果，见表2-20。

表2-21为三种情形和两个模式的减排效果，由表可知，公共交通情形2和情形3将导致较低的二氧化碳、氮氧化物、二氧化硫排放总量。通过公共交通模式A（公交专用）和公共交通模式B（轻轨交通和巴士）实现的二氧化碳、氮氧化物减排是差不多的。通过公共交通模式A（公交专用）的二氧化硫排放量略低于通过公共交通模式B（轻轨交通和巴士）。

然而值得注意的是，与多伦多主城区的居民相比，整个大多伦多地区那些居住在卫星社区里的居民出行产生的排放要多得多。在这些郊区社区，居民出行使用公交不多，更依赖私家汽车。由于大多伦多的郊区人口持续性地显著增长，具有代表性的郊区社区的交通排放和目前正在发展绿色交通的滨水地区进行比较是很有必要的。在

表2-19 三种情形的交通划分方式

	出行次数/（人·天）	自驾（%）	平均驾车里程（km）	公共交通（%）	平均公共交通长度（km）	其他交通方式（%）
情形1	2.3	53	8.0	22	7.4	9
情形2	2.3	39	7.9	25	5.7	20
情形3	2.3	28	6.7	30	4.8	22

表2-20 多伦多交通的污染项

交通工具	二氧化碳（g/km）			氮氧化物（g/km）			二氧化硫（g/km）		
	2001	2021	Δ（%）	2001	2021	Δ（%）	2001	2021	Δ（%）
机动车	251	219	-13	1.05	0.098	-91	0.07	0.004	-94
巴士	110	102	-7	0.85	0.061	-93	0.12	0.11	-11
电动交通工具	18.3	17.8	-3	0.04	0.025	-36	0.10	0.082	-15

表 2-21　三种情形和两个模式的减排效果

| 污染项 | 模式 | 公共交通模式 A | | | |
| | | 基于情形 1 的减排量（%） | | 基于 TRC 的减排百分比（%） | |
		情形 2	情形 3	情形 2	情形 3
二氧化碳	汽车	-28.0	-56.3	-1.4	-2.7
	公交	-12.0	-11.1	-0.1	-0.1-
	总计	-25.6	-49.4	-1.5	-2.8
氮氧化物	汽车	-28.0	-56.3	-0.2	-0.4
	公交	-12.0	-11.1	-0.1~0.1	-0.1~0.1
	总计	-24.9	-47.5	-0.2	-0.5
二氧化硫	汽车	-28.0	-56.3	-0.1~0.1	-0.1~0.1
	公交	-12.0	-11.1	-0.1~0.1	-0.1~0.1
	总计	-13.3	-15.0	-0.1~0.1	-0.1~0.1

| 污染项 | 模式 | 公共交通模式 B | | | |
| | | 基于情形 1 的减排量（%） | | 基于 TRC 的减排百分比（%） | |
		情形 2	情形 3	情形 2	情形 3
二氧化碳	汽车	-28.0	-56.3	-1.4	-2.7
	公交	-12.0	-11.1	-0.1~0.1	-0.1~0.1
	总计	-27.0	-53.4	-1.4	-2.8
氮氧化物	汽车	-28.0	-56.3	-0.2	-0.4
	公交	-12.0	-11.1	-0.1~0.1	-0.1~0.1
	总计	-26.1	-50.9	-0.2	-0.5
二氧化硫	汽车	-28.0	-56.3	-0.1~0.1	-0.1~0.1
	公交	-12.0	-11.1	-0.1~0.1	-0.1~0.1
	总计	-13.6	-15.8	-0.1~0.1	-0.1~0.1

表 2-22 中，比较了滨水地区、多伦多主城区（TRC）以及一个典型多伦多卫星社区的交通运输系统性能。表 2-22 提供的交通系统信息，包括途经交通系统（即情形 3）和途经模式 B（即 25% 的过境里程由公交车提供，剩余 75% 是由电气化交通系统提供）。

如果和大小相似的多伦多卫星社区相比较，旅客运输的二氧化碳排放量将减少 73%，这将导致二氧化碳总排放量减少 6.3%，这是个非常显著的下降。同二氧化碳减排量类似，氮氧化物排放量也将减少大约 1 个百分点。与二氧化碳和氮氧化物的减排量相比，二氧化硫的减排量相对较少。

2. 其他配套政策

为了实现以上目的，减少对汽车的依赖，多伦多市努力提供多种多样的交通工具。一整套措施被组合起来，用于解决滨水区交通系统的需求。可以使用的方法包括：

表 2-22 和多伦多主城区（TRC）以及一个典型多伦多卫星社区的交通运输系统性能比较

	乘客交通排放变化量	
	与 TRC 相比	与 GTA 卫星城相比
二氧化碳	-53.4	-73.0
氮氧化物	-50.9	-70.4
二氧化硫	-15.8	51.6

	总排放变化量	
	与 TRC 相比	与 GTA 卫星城相比
二氧化碳	-2.8	-6.3
氮氧化物	-0.5	-1.0
二氧化硫	-0.1<0.1	0.1

1）土地规划

建立综合功能社区要保证足够的密度，以减少汽车运输和高预订途经公交服务。

2）扩展服务

新公交路线要和现有高度发达的内部交通，以及 / 或者更加常规的服务相配套。

3）公交优先

使用独立的红绿灯信令系统和与其他线路不相交的专用路线 / 车道，提高繁华城市区交通运营的效率。

4）自行车和步行工具

提供必要的基础设施和政策，使得自行车和步行交通更加安全、高效。

5）燃油税的实施

购买燃料时增收附加费，用以补贴汽车运输带来的费用（公路建设、养护等），收入可以用于改善交通。

6）公路收费

建立类似 407 号收费高速公路的系统以减少交通拥堵，并为公交系统升级提供资金来源。

7）高承载车辆（HOV）车道

为乘员数量超过一人的车辆提供专用车道。

8）停车控制

减少可用停车位的数量，或提高停车费，以鼓励大众减少汽车的使用，消除路边停车。

9）一体化交通系统

创建一个无缝的、单一票价的混合交通系统，实现高度通达。

10）雇主 / 雇员专用工具

通勤车尽量过境通行而不是到地停车，多使用电子通信作为辅助交通设施。

3. 客运交通工具改进

此外对于客运交通也提出了一些替代性公交车技术。

1）混合动力公交车

每当停车制动的时候，许多能量都会丧失。在混合动力汽车的情况下，电动机被用作发电机以将动能转换回电能。这种电能又被用作车辆的一种动力源。该技术被称为"制动能量回收"，它通过回收一部分在制动时丢失的能源，能显著提高能源利用效率。这种方法对那些需要经常停靠的车辆，如城市公交车（图 2-7）尤为有效。

通过运用混合技术，车辆的燃料消耗可以减少近 25%。这些削减直接转化成汽车尾气排

图 2-7 2002 年，新的猎户座七代"混合"柴电 TTC 公交车从皇后大道汽车修理厂驶出，并运行了数周

放的减少。例如，如果服务于滨水复兴区的公交车使用的都是混合柴油而不是传统柴油，那么表2-23 中的效益都将会实现。

2）压缩天然气

许多城市已经尝试使用压缩天然气作为公交车的燃料源。TTC 同样也进行了 CNG[①]公交车试点评估，以确定它们在多伦多发展的潜力。公交车的其中一个重要卖点是与传统柴油公交车相比，它们有更优越的环境性能。多伦多公共卫生部进行的名为"多伦多市空气排放的交通控制措施测评（2000）"确定了与传统公交相比，如全部转换使用 TTC 的公交车氮氧化物排放将减少73%，二氧化碳排放将减少 71%，硫氧化物排放将减少 76%，可吸入颗粒物排放将减少 90%。

3）燃料电池

燃料电池被看做是避免汽车和公交车产生的空气质量问题的"零排放"措施。该技术产生的唯一直接（如从排气管）的排放是空气和水蒸汽。通过电化学过程在水中结合氢气和氧气，燃料电池产生电能。对于一个典型的系统，如加拿大巴拉德动力系统开发的技术，氧气取自环境空气，氢气使用车载充氢器从液态甲醇中提取。该过程可连续操作，并实现快速加油。

零排放的要求需要把燃料生产、油耗和汽车制造的生命周期置于更广阔的背景下进行评价。生产支持燃料电池的燃料需要大量的能源和资源。用来生产该燃料的能源和资源会对环境产生不利影响，但这些常常被排除在燃料电池测评外。从环境角度来说，这种测评方法更适合测评生命周期，包括汽车制造、上游的燃料加工和车辆运行。为了说明生命周期影响的重要性，表 2-24 总结了三种机车燃料技术的二氧化碳排放情况。表中提供的信息描述了汽车的排放量，公交车二氧化碳的排放预计将遵循类似的模式。

表 2-24 清楚地表明，单从车辆运行排放来确定不同的车辆技术的全部影响是不充分的。通过使用燃料电池，公交车生命周期中的二氧化碳排放量将降低约三分之一。但值得注意的是，这种减少仅比转换为混合动力柴油机技术的改善略好。

表 2-23 在新的滨水开发项目中使用柴油混合动力公交车能够直接减少的排放比例（假设情形 3—高密度运输）

	公共交通供给模式 A（%）			公共交通供给模式 B（%）		
	二氧化碳	氮氧化物	二氧化硫	二氧化碳	氮氧化物	二氧化硫
TRC 运输排放的减少	-6.6	-8.2	-23.9	-2.0	-2.4	-7.2
TRC 整体排放的减少	-0.2	-0.1<0.1	-0.1<0.1	-0.1<0.1	-0.1<0.1	-0.1<0.1

注：负数表示减少的排放

表 2-24 传统柴油机、混合动力柴油发动机和燃料电池车的汽车生命周期的二氧化碳排放（g/km）

燃料技术	车辆制造	上游燃料生产	车辆运行	合计	总数占传统柴油机的百分比
传统柴油机	16	56	162	233	
混合动力柴油发动机	16	37	121	171	75%
燃料电池车	16	140	0	155	67%

---

① CNG：压缩天然气

4. 货运交通工具的减排

在公路货运业，因为实行了联邦政府制定的低硫柴油燃料政策和引进了改善的排放控制，与 2001 年相比，2020 年卡车运输每公里产生的排放将减少 93% 的氮氧化物和 97% 的二氧化硫。

尽量通过改善货运交通来降低环境影响的措施不多，但是多伦多政府还是做了努力。比如，使卡车有效运行和减少怠速时间的公路系统将有助于减少运输排放。在高峰流量时段减少货物移动的政策可以协助限制拥堵，从而降低车辆停止时的尾气排放量。此外，通过持续运行作为城市散货运输重要方式的多伦多港口和滨海铁路交通，来减少化石燃料的消耗，并减少排放对于环境的影响。

5. 越野车辆的减排

虽然难以量化，但是非公路车辆对空气质量和人们的健康影响是巨大的。这些车辆降低空气质量，对气候变化消极作用显著，包括了建筑工业、绿化养护多样化的设备组合以及大型旅行车（主要是船）。非公路车辆的环保性能普遍较差是因为：

（1）欠发达的排放控制技术：安装在汽车上的控制技术还未被用于非公路车辆上。

（2）燃油质量差：确定非公路车辆排放量的最具影响力的变量之一是燃油质量差。例如，非公路柴油要比用于公路车辆上的油脏得多。平均下来，相对于公路车辆，非公路柴油车排气的硫含量平均要高出 10 倍。

认识到油品质量的关键作用，多伦多已经开始一项倡议，那就是大幅度减少来自城市的非公路车辆的排放。根据这一倡议，城市中所有的非公路柴油车辆要使用公路柴油，其硫含量更少。预计，这种相对廉价的采购行为可使城市非公路二氧化硫排放量减少约 80%（即 10.3 t）。

三、空气质量改进策略

（一）引言

1. 安大略省的主要污染物

图 2-8 为 1995 年安大略省来自于不同排放源的硫氧化物与氮氧化物的分布情况（MOE，1999）。

图 2-9 为多伦多硫氧化物与氮氧化物显著不同的分布情况。在运输业中，硫氧化物排放占有很高的比例，而其他燃料燃烧的硫氧化物排放占比很低。多伦多的运输与燃料燃烧所产生的氮氧化物排放所占比较低，而工业排放源占比较高。

2. 影响空气质量的因素

（1）排放源有三种不同的种类，它们分别有不同的大气扩散特征：

① 点源：排放源于工厂或电子设施或通风口里的电堆。

② 线源：排放源于公路上的交通工具。

③ 面源或体源：排放源于一个相对较大的区域（如风尘），以及居民区的火炉、割草机与杀虫剂。

（2）城市内的排放源有：

① 工业——通常是从烟囱或排风口中排出，或者从建筑顶部排出的因采暖制冷而产生的污染物（气体和粉尘）。

② 居住区——通常由主要热源（炉子）、草坪割草、烧烤架、壁炉等产生的，通常从接近地面高度排出的排放物（气体和灰尘）。

③ 交通通道——尺度从当地街道、主要干道，到高速公路、火车及公交通道等均包括在内。这些交通工具的使用都会排放出废气，而且会从道路表面次生出大量灰尘。这种污染源与行人呼吸高度同高或低于其高度。

（3）影响大气中空气污染物浓度的因素包括：

① 几何特征（如点源/线源/面源）与排放

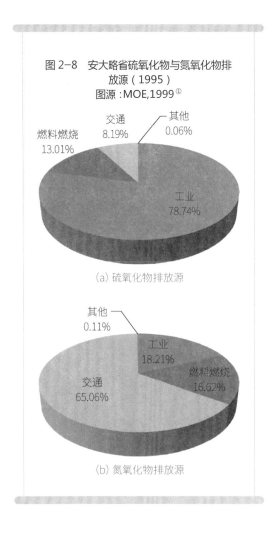

图 2-8　安大略省硫氧化物与氮氧化物排
放源（1995）
图源：MOE,1999[1]

（a）硫氧化物排放源

（b）氮氧化物排放源

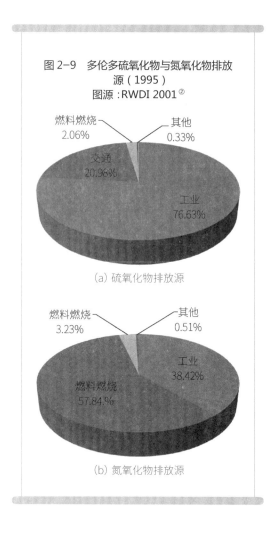

图 2-9　多伦多硫氧化物与氮氧化物排放
源（1995）
图源：RWDI 2001[2]

（a）硫氧化物排放源

（b）氮氧化物排放源

源附近的地理特征（如湖泊，峡谷）。

　　②气象条件。

　　③污染物排放数量。

　　在接受端，污染物浓度的影响也会有所不同。例如，城市中的大量人口很有可能暴露在糟糕的空气质量之下，相比同样面积的乡村地区，空气污染将会对人体产生更严重的健康影响。

　　（4）影响空气质量的气象因素如下：

　　①大气稳定性

　　大气中最重要的混合过程就是"涡流扩散"。大气漩涡导致混合了被污染空气和未被污染空气的气团分裂，于是将污染稀释。漩涡纵向连续膨胀的大小和影响与大气的纵向温度分布有关。

　　一般情况下，温度随高度而降低。实际温度垂直梯度与近地表温度的关系决定了大气的抵抗

①　安大略省环境署.对目前安大略省细颗粒物所了解的情况摘要.1999
②　多伦多市工程与紧急情况服务处.空气质量研究.由 Rowan Williams Davies & Irwin 有限公司提供，2001。

或增强垂直运动的能力。而大气纵向运动的量决定了大气的稳定性。大气的稳定性通常有三种状态——不稳定的、中性的、稳定的。大气在稳定状态时由于纵向和湍流混合运动的减少，会使地表污染物更高度地集中。

② 风速和风向

随着风速的提高，大气混合和稀释作用加强，污染物的集中程度会降低。由于表面摩擦力会随高度而减小，因而风速随高度而提升。当风速较高时，气体和颗粒的分散性更强，但也存在更高的二次扬尘可能性。当风速接近为零时，微弱的本地气流循环会使近地面大气中的污染物高度聚集。当风吹过物体表面（地形、建筑等）时也会引起机械式湍流，所产生的机械式湍流的数量取决于物体表面在水平和垂直向度上的粗糙度和大小。

风向是指在地表观察到的风吹来的方向。一般而言，如果某处没有风吹来，上游风向上就不会对此处产生空气污染的影响。然而，风却以不同的频率向各个方向吹，只是某些方向上的频率更高于其他风向——这就是主导风向。

③ 温度

近地表面温度决定污染物的反应速率和表面变干的速度。如果温度低，表面的水分就会保留在那里，甚至会冻结，对物体表面起到封存的作用，从而可避免风化作用，并由此减少吹尘现象。表面温度同时也是湍流（垂直运动）中上浮部分的决定性要素。地表的热量加热了靠近地面的空气，使其上升。这一机制在午后达到最大作用，在接近日出时最小。

④ 降雨

降雨起到了排放和去除空气中污染物的双重作用。例如，较小的降雨量会使表层土干化，易于被风蚀，而较大的降雨量则会有效地密封或隔绝空气。清晨的露水会固定住地面上的灰尘。空气中的污染物会被降雨冲刷出去。降雨量越大，冲刷出去的污染物越多。

⑤ 混合层高度

污染物消散中的另一个非常重要的参数是"混合层高度"，即在大气的这一竖直高度以下，整个城市中的污染物会有效地混合在一起。

3. 空气污染影响

空气污染会对环境产生严重影响，继而影响到人类、动物、植物及材料。对环境的影响包括可见度的降低和酸性物的沉积。

空气污染主要影响人类的呼吸系统（如通过细小的灰尘）、循环系统（如通过一氧化碳）及嗅觉（如通过气味）。空气污染可导致从中等（如轻微的眼刺激）到非常严重的健康损伤（如死亡）。在大多数情况下，其不利结果是加剧既有的疾病或降低健康状况，使人们更容易受到其他感染或造成慢性呼吸系统和心血管疾病。

空气污染对蔬菜、玉米及森林会造成不同的影响，包括可见与不可见的影响。可见的症状是与健康的外观有偏差，如颜色损失。不可见的影响则包括减少植物生长（和收成）、改变生理和生化过程。

空气污染对动物的影响主要通过食物链来体现，如：植物或水里或其上的重金属对动物和鱼有毒（如汞中毒）；肉食动物捕食已摄入杀虫剂、除草剂、杀真菌剂和抗生素的小动物。

空气污染对材料和结构影响的具体情况包括：金属表面的腐蚀；建筑材料的污染与腐蚀，如石灰石；皮革、纸张、橡胶等的腐坏（分解）等。

4. 多伦多滨水地区空气质量受影响的特征

污染源和气象条件的相互作用形成了多伦多滨水区域特有的情况，包括：热岛效应、湖边微风、建筑物的粗糙度增加、建筑（背面）的夹带顺风、街道峡谷等。

1）热岛效应

城市热岛效应是由于建筑屋顶、墙面、停车场及街道等吸热表面取代了自然植被而形成的。整个城市表面变得更热，整个室外气温上升，形成了"城市热岛"。

改变城市热岛效应的措施包括植树造林，广泛使用高效反射表面。形成较低环境温度的做法包括：

① 降低一些光化学反应速率（如降低臭氧产量）；

② 降低依赖于温度的生物碳氢化合物排放（如减少树的自然排放）；

③ 减少移动和固定排放源中有机物的蒸发损耗（如减少汽车中所用燃料的排放）；

④ 减少制冷需要的能量、发电容量，从而降低电厂排放。

尽管减小地表附近的温度对空气质量有积极影响，但同时也会影响大气边界层。降低温度会在某些地方使混合层深度减小，但也有可能导致更高的污染物浓度。这也会改变气流模式（如湖泊微风），从而减少从湖面流入城市相对干净的空气的量。

2）湖风

"湖风"是指多伦多当地从安大略湖吹来的风。形成湖风循环的关键条件是：① 有区域轻风；② 较冷的湖上的下沉气流和较热的陆地上的上升气流之间强烈的温差。这两种现象引起空气从湖上向陆地流动。这种湖风形成的机制往往由于湖上较稳定的空气里裹挟着工业排放气体而触发安大略省一些地区的空气污染预警。5月末及6月初是湖风较强的主要时段，因为这个时段湖水与陆地温差通常最大，所以湖风在夏季大部分时候都会发生。

夏天，当空气在相对较凉的水体表面上方流动时会被降温，同时形成逆温层。当稳定的空气移向内陆，下面温度相对较高的陆地散发的热量会入侵到部分较凉的逆温层中。这种上下翻动的运动使停留在稳定空气层中的污染物被迅速带到地面（即薰烟型排烟）。这是任何一个在岸边有高烟囱的湖边区域（如 Lakeview 和 Nanticoke）排放源需要考虑的重要因素。

湖风的每日循环导致城市污染物（臭氧前体物）由夜间排风气流（陆风）带到湖上。次日，在阳光下产生反应，并将形成的臭氧输送到岸边。如果风向的一个分量沿着湖岸线流动，则污染物会沿湖岸顺风而下，影响到几十公里以外的区域。这一现象也可能会反过来发生在多伦多的上风向区域（如汉密尔顿），这可能成为多伦多滨水区域污染来源的一部分，并且几乎不受控制。

3）粗糙度

城市的定义是"建筑的聚积区"。建筑形成了一个粗糙的下垫面，这会增加机械湍流同时保存太阳能。通常这意味着城市的大气大部分时候不稳定。更多的湍流促使污染物向地面更快地混合（高烟囱的污染气体会被带到地面，从而增加地面处的污染物浓度，而低处，如汽车的低排放污染物会被高空的空气所稀释）。

4）夹带效应

任何从建筑矮烟囱（住宅烟囱、火炉排放等）里排放的气体很容易被建筑尾流快速带走（夹带效应），并以高浓度带向地面。在下风向开窗，会产生比单纯的扩散影响更严重的污染。

5）街道峡谷效应

风由于受建筑竖向遮挡而不能很轻易地从街道峡谷中流走，除此以外，街道峡谷还会捕捉并滞留污染物，就像自然山谷一样。对于那些没有太多开口（十字路口）的街道，污染物浓度会显著加剧。街道峡谷的主要来风是受垂直涡流加强的横向气流运动。这意味着建筑之间的街道会因为有水平气流冲刷而有平均较低的污染浓度。

（二）具体改善举措

1. 多伦多环境规划

2000 年 4 月，市议会原则上通过了"环境计划"，一个包含了 66 项建议在内的综合文件，涵盖了关于土地、空气、水、管理、可持续性、能耗、交通、绿色经济发展及监测系统等各个方面。以下几条关于空气质量的建议即包含在此文件中。

第 20 条 保证多伦多市民享有清洁空气的权力；

第 21 条 实施综合空气质量策略；

第 22 条 减少气体排放；

第 23 条 制定监测环境空气质量的标准；

第 24 条 致力于推进城市与其他司法管辖区相互协作。

其中特别需要注意的是，第 21 条建议实施综合空气质量策略中应做到：

◎ 评估与整合现有的空气质量控制举措；

◎ 设置城市行动优先级；

◎ 设定目标；

◎ 考虑气体排放及其影响；

◎ 确定城市可参与的区域，以及如何合理使用城市资源以达到最佳效果；

◎ 对设施的使用情况进行监督，并向公众公布。

人们意识到，需要建立全面的空气质量策略来整合和协调现有的资源以改善空气质量。还要清醒地认识到，已制定的策略中还应包括衡量和评估空气清洁进程的机制。目前，对编制城市项目汇编开展的初步评估，包括改善空气质量等诸多工作已经完成。

1)《空气：战略方向报告》

《空气：战略方向报告》为一个全面的空气质量框架及策略提供了说明：

◎ 是基于 airshed 方式（airshed 指的是具有类似大气构成且受到同一污染物污染而污染情况相近的空气区域）；

◎ 聚焦排放累积量、影响以及污染防治；

◎ 提升了我们在空气复杂性上的理解；

◎ 从城市机构、政府部门、个人、社团、环保组织以及更广泛的公众中整合了政策、技术和运营载体上的资源和专业知识；

◎ 摘录了那些为改善空气环境而制定的现有草案，阐明了所做的各种工作之间的关联，以及明确了不同级别的政府和私营机构所扮演的角色；

◎ 协助制定了城市行动的优先权，为监控和向议会及公众汇报打下基础；

◎ 明确了城市中需要被设计且能利用其资源使成效最大化的新区域。

2）空气污染区域识别法（Airshed approach）

通过空气污染区域识别法确定空气质量的重要程度正在不断提升，这一点从《空气：战略方向报告（2000）》中可以被证明。空气污染区域识别法的观念使我们认识到空气污染已经没有任何地界和政治之分了。针对这个问题，不同的组织对空气污染区域识别法提出和采用了不同的功能定义。在安大略省，前面提到的 PERT 组织使用"温莎—魁北克走廊"来界定一些区域性污染物（如氮氧化物和二氧化硫）的空气污染区域识别法。安大略交易项目（注册号 397/01）扩大了空气污染区域识别法的范畴，包含了美国的 12 个州，来说明安大略的雾霾是由大陆气流从美国带入的。夏季的污染更加严重，原本由墨西哥湾向北到南安大略省的湿热空气在俄亥俄山谷携带了更多的污染物。

至于二氧化碳方面，空气污染区域识别法被理解为地球的大气，因为气候变化的效果是全球性的。联合国正在针对气候变化开展全球性的努力，这样的努力在《京都议定书》[1]中也有体现。

关于空气污染区域识别法的议题在 2003—2004 年间的综合空气质量战略中得到解决。

2. "凉爽多伦多"项目

多伦多大气基金（TAF）和多伦多公共卫生组织在加拿大气候变化行动基金组织（CCAF）的资助下，启动了"凉爽多伦多"项目。这是一个特殊的项目，它将开发出具有模范效应的城市政策及实践做法，用来帮助多伦多市民摆脱夏季炎热之苦。在项目的第一部分，将开发出一个为多伦多气候定制的"热—健康"预警系统。在致命气团到达的 48 ~ 60 h 前为公共卫生官员们提供信息。第二部分将聚焦长期适应策略，为解决多伦多热岛效应和制定相应的缓解良方提供更好、更科学的策略。具体活动包括：

◎ 通过电脑模拟，量化在不同季节和环境下行道树、植被和建筑的反射性表面带来的直接和间接的效果；

◎ 通过模拟量化能耗降低措施，缓解雾霾对多伦多的影响；

◎ 为新的市政政策和实践提供科学的依据，从而长期解决城市降温和雾霾影响。

3. 多伦多市空气质量研究

在 2001 年，多伦多通过一个研究开发了一套工具，可以通过排放类型和扩散模式来对城市中的空气污染重点区域进行定位。一般情况下，空气质量模型会显示所有地方的综合污染物指标（如 PM10），但在下列区域会增加一些污染物指标（如氮氧化物、二氧化硫）：

◎ 多伦多海港工业区附近，以及加德纳高速和河谷大道的附近；

◎ 在 401 号高速公路和 427 号高速公路交叉口附近，其中包含了一块工业用地；

◎ 沿着 401 号高速公路靠近 404 高速的区域，内有一块明显的商用区域；

◎ 世嘉堡区内 401 号高速公路沿线，包含一块工业用地的区域；

◎ 多伦多市中心。

在外部咨询机构的帮助下，空气质量改进分支机构改进了模型，提高了模型的评估能力，并正被应用于空气质量改善的潜力分析。空气质量模型建议问题的监测确定了引起关注的潜在原因，确保了特定空气质量评价作为未来滨水区环境评估的一部分。

4.《空气质量政策及法规研究》

多伦多市 2000 年 2 月制定的《环保计划》建议多伦多开发一个综合空气质量策略以减少气体排放。《空气质量政策和法规研究》检验了适用于城市设计和应用环保减排策略的选项。它主要针对以下四点：

◎ 现有空气质量相关法律和政策的框架，包括具体的城市立法权和管辖权；

◎ 运行多伦多市当前可实行的未来行动方案来减少其管辖区内的空气污染；

◎ 寻找新的可实施的空气质量的立法权带来的需求和机会，包括关于其他管辖权的创新性措施的具体内容；

◎ 下一步要达到的减排目标，包括立法工具和必要的其他的力量。

《空气质量政策和法规研究》的成果是显著的，因为它纪录城市当前的法规，并基于其他加拿大司法成果之上为拓展当地法规提供了更多参

---

[1]　《京都议定书》（英文：Kyoto Protocol，又译《京都协议书》《京都条约》，全称《联合国气候变化框架公约的京都议定书》）是《联合国气候变化框架公约》（United Nations Framework Convention on Climate Change，UNFCCC）的补充条款，其目标是"将大气中的温室气体含量稳定在一个适当的水平，进而防止剧烈的气候改变对人类造成伤害"。

考。研究成果也表明，这些工作成果正被城市综合空气质量策略所采纳。

5. 排放交易

2002 年 11 月，多伦多城工程与紧急情况服务部完成了一项两阶段的排放交易研究，研究称为《多伦多城排放交易带来的环境与经济影响》。该研究项目的第二阶段检验了 6 个具体的多伦多市内的个案，研究其在项目发展过程中是否满足《京都议定书》规定的温室气体交易规则。这 6 个个案研究为：

　　◎ 低硫燃料购买；

　　◎ 生物柴油燃料购买；

　　◎ 更好地建立伙伴关系；

　　◎ 家庭奖励计划；

　　◎ 滨水区域审查；

　　◎ Keele 峡谷垃圾填埋。

这项研究表明，城市参与排放交易会产生环境与经济影响。对于法律责任方面，研究要求市政府对公司中所有的法律配额持有者行使尽职调查。也就是说，不管城市未来如何选择使用配额，均可获取公司中所有合法的配额持有权。进而言之，在法律协议中，买卖合同中应该发展并使用恰当的合同语言来保护市政府对配额的索取权并防止其他团体用自己的名义索取并使用该配额。

随着市政府关于排放交易工作的继续，包括公司配额政策的发展，排放交易作为市政府空气问题工作的一部分，将会获得市政府跨部门顾问组的经验。

6. 当地运输

对加德纳高速公路的改造计划包括建立约 3 km 的高速隧道和重新定位地坪高度的高速公路部分。尽管通过更加有效的交通流，新的加德纳辅道与滨水交通网络预估可以产生较低的机动车排放，但这些排放的分布可能不会改善空气质量。排放重新分布到更集中的水平位置（从隧道通风口）与更低的高度可能会减低这些排放扩散的趋势，从而造成某些区域更高的污染物浓度。

火车线路的扩张会导致较低的区域性氮氧化物与挥发性有机化合物的含量（由于减少汽油驱动的交通工具的使用量）。然而，由于增加柴油驱动的 GO Transit（安大略省公车公司）火车的运营量，局地颗粒物的排放可能有所上升。区域性火车服务的电子化也可能极大提高多伦多滨水区域的空气质量。发电厂附近的空气质量也仍然是一个问题。

机场附近的有毒排放源包括飞机的运作、柴油驱动的地面辅助设备，以及地面通道交通工具。因此，要求基于滨水区域独特空气扩散特征进一步制订详细计划。例如，如果多伦多岛机场可以扩大或是重构，因为它位于滨水区域的上风带并且携带污染物的空气不会局限在局地边界内（研究边界与行政边界），对它的影响评价就会至关重要。2002 年多伦多城委员会采用的有关多伦多岛机场的一个报告推荐了一系列综合性措施来减低由加强机场功能所带来的任何环境与健康方面的负面影响。

7. 从上风带的污染源头飘入城市的污染物

即使多伦多城不能直接控制加拿大与美国管辖范围内的上风带排放源，但多伦多市也可以对上风带的能源使用量及由此产生的污染物排放量进行直接的管辖。特别是多伦多市对以下的源头具有部分控制能力：

　　◎ 建筑、交通工具、水与下水设施相关的燃料与电力，街道与交通灯以及其他使用能源的设备；

　　◎ 固体废弃物收集与垃圾填埋管理；

　　◎ 固体废弃物的减少、循环与堆肥项目；

　　◎ 土地使用，公园与社区绿化项目（城市绿化与造林项目不仅可以增加社区对污染物的控制能力，也可以通过提供防风与遮阳来减轻城市热岛效应，以及减少对供热与空调能源的使用）；

◎ 通过购买所需的物资来刺激绿色能源市场；

◎ 控制城市交通系统的运作；

◎ 通过建立规章、汽车停放与交通流来影响能源使用；

◎ 改变土地使用目的的决定（从农业用地到其他目的等）对污染物控制有重要影响。在市政规划令中，分区规定、许可条件、城市法令与细则可以通过影响居住密度、可达性、对社区中行人与骑自行车的友好水平来影响能源使用。

8. 积极参与法律法规的制订过程

多伦多市当前参与联邦—省过程来设立空气质量目标与标准。近来，城市参与制定加拿大燃料、颗粒物与臭氧标准。此项参与增加了 PM2.5 的受关注度。PM2.5 水平在多伦多被确认可以导致死亡率与住院率的增长。该市还参与了美国反对中西部州煤炭发电厂的诉讼案件，通过作为"法庭的朋友"在纽约州寻求对该项诉讼的支持。

《空气质量政策与法规研究》提供了一个当前法律结构与空气质量框架的综述，可以用来确认城市减少空气污染排放的法律手段、政策与实践。此研究中某些建议将贯穿于综合空气质量策略，这些建议集中在：

◎ 城市参与（例如：评论、呼吁与干预）省环境保护署关于空气质量的立法过程，具体内容如下：① 寻求对空气质量法案批准的时间限制（不超过 5 年）；② 确保所有决议中空气质量得到改善；③ 增强对具体污染物排放源的排放标准；

◎ 城市参与（例如：评论、呼吁与干预）本市边界外的、但能影响本市空气质量的省与市规划法案立法过程。

◎ 城市参与能严重影响本市空气质量环境的省与市的环境评价过程。

◎ 城市参与可能对本市空气质量造成严重危害的联邦法案批准过程与环境评价过程。

9. 通过一体化能源和交通形式优化起到减排作用

政府部门做了大量调查，分析了通过集成能源概念实施可以取得的减排效果，交通措施中高密度运输模型的减排效果已在交通改进策略中论述。对于复兴中的滨水区域，预测的减排量对于该地区未来的空气质量是非常重要的。

集成能源概念的应用估计可以降低 71% 的年用电需求以及 11% 的年天然气需求。因此，复兴滨水区域用电所产生的年二氧化碳、一氧化氮与二氧化硫排放量大约可以分别削减 21%、10% 和 34%。

对于大容量交通方式的选择以及轻轨与公车交通技术，据估算会减少约 50% 一氧化氮、15% 二氧化硫以及 53% 二氧化碳的客运排放量。对比多伦多主城区的总排放量，交通运输业减排量相当于总二氧化碳排放量的 2.8%，总一氧化氮排放量的 0.5%，以及总二氧化硫排放量的 0.1%。

四、水环境改进策略

（一）引言

水污染不是多伦多出现的新现象。早在 1850 年，城市水区被污水、动物粪便和垃圾严重污染。自那以来，人口增长和工业活动继续恶化水质，破坏水生生物的栖息地。到了 20 世纪 50 年代，超过 600 hm² 湿地消失，一些敏感的植物和鸟类也被杀死。化学品广泛的使用，城市生活污水、工业废水、船的舱底水，不透水表面，森林砍伐等活动排放污水严重影响了多伦多滨水地区的水质。在这些具体情况下，着力解决这些问题具有积极的意义。例如，水和动物组织中持久性有毒物质的污染水平在过去的 20 年里已经下降。最近的研究还发现鲑鱼出现在顿河基层和中层的部分。以前一种稀少的物种白斑狗鱼在多伦多北岸地区被大量发现。总体而言，沿着多伦多滨水的开放水域普遍比 20 年前更清洁。尽管有这些重大的改进，但是许多问题仍然存在。在多伦多湾地区的一些地方，依然存在着水质差、沉积物严重污染、清晰度差、水质富营养化、金属和有机化工原料充斥等情况。

（1）滨水区水质问题的具体情况如下：

◎ 降雨后，酚树脂、总磷、悬浮固体、大肠菌群、铝、镉、铜、铁、铅、银、锌等物质的浓度均超过了安大略省水质监测标准。

◎ 经常可以看到入海口处漂浮的碎片。

◎ 在怡陶碧谷湾和 Mimico Greeks，细菌水平高。有身体接触的娱乐活动在 70% ～ 80% 的时间里是不安全的。在 Highland Greek，98% 以上的有身体接触的娱乐活动时间是不安全的。

◎ 顿河细菌含量仍然很高，尤其是在降雨之后。除了狗和水禽粪便，还有未经处理的生活污水从下水道和非法开挖的地方偶尔流入顿河。

◎ 顿河中磷含量大多数时间内（80%～100%）超过了省级标准。

◎ 顿河较低水域悬沙浓度高于 25 mg/L 目标值的 40% ～ 60%；顿河日均流量频率急剧增加，流量约为 30 年前的两倍。

最终的结果是，滨水地区的水质条件不满足《多伦多地区补救行动计划目标》设定的"适合钓鱼、游泳和可饮用"的目标。

（2）多伦多所面对水环境问题如下：

问题 1：如何能减少水的使用量和地表水的再利用，以减少对环境的影响？

问题 2：湖泊水质是否能实现持续改善？

问题 3：如何把到顿河的迁移整合到水域和污水综合规划中去？怎样提升上游和湖水水质？如何提高未来滨水地区的城市公共风貌使用率，同时又能开发自然遗存。

（二）水污染源头分析

在处理水的过程中，第一步是污染源的识别。总体分析表明，在水质的生物、物理和化学降解中，最具影响力的因素是雨水的数量和质量。

1. 雨水量

随着城市面积的不断扩大，不透水面积在当地水域的比例已经上升，雨水流造成洪水、侵蚀和栖息地的局部河道的损失也随之增加。从某种程度上讲，持续增多的雨水量需要通过某些手段来实现对其的稳定控制。这样的手段如：所有新开发的市政项目都必须配备实时雨量控制装置。多伦多市旧城部分的一些惯用做法在很大程度上需要进行改善。超过 2 600 余条下水道将雨水排放到多伦多市的城市水道和安大略湖中，即便如此，暴雨过程中和雨后的水量仍然过高。但从另一个角度来看，干旱期稀少的雨水量同样也会损害生态系统的生存能力。

2. 雨水质量

除了污染当地河流，来自源头的污染物和多伦多的上游污染最终被排入城市滨水区。由于城市约 300 万人所产生的集体性水污染，多伦多滨水地区的卫生状况危在旦夕。导致雨水质量差的根源是多方面的。在干燥的天气条件下故意或意外泄漏的化学品会在潮湿的天气流入河流。从汽车、道路中泄漏的液体，沉积在道路和建筑物中的污染物，动物粪便，农药和除草剂，以及来自汽车行业和一些大气排放，通过多伦多河流和下水道向安大略湖泄漏。进一步恶化的情况下，未经处理的生活污水，有时直接在暴雨后被排放到滨水地区。在滨水中心区和多伦多湾地区，情况尤为严重。截至 2000 年，多伦多市的海湾污染物的主要来源包括 11 条合流污水，17 条污水下水道和顿河（30 条雨水污水混用下水道和 872 条雨水下水道）。除了城市中的污染源，"905" 开发项目的内部人士透露，顿河流域地区正在推动滨水地区水质和水量改善工作。总体而言，环境的生命力，本质上源于顿河水质的健康程度。不幸的是，多伦多河流污染物浓度最高的时候往往出现在潮湿天气。除了雨水，有相当数量水污染来源于多伦多的雨水及污水处理系统。比如，已经约有四个城市的污水处理厂释放约50%的磷到滨水水域。来自工业和住宅活动的多种化学品直接通过该城市污水处理厂排放到安大略湖。虽然城市饮用水过滤设备有助于改善问题，但研究已经确定，所用的植物凝血剂（明矾）和消毒剂（氯）是滨水地区含铝污染物和其他几种氯化化合物的主要来源。

除了传统的污染源，如雨水和污水处理厂直排入滨水地区产生的污染，将污染的地下水排放到湖中也可能会降低水生环境。例如，如果不加控制，港口地区历史遗留的污染地下水可能最终被排入安大略湖。然而，根据地下水水质和污染迁移情况，与其他污染源（如：雨水）相比，地下水污染对于湖水的污染程度相对较小。

（三）水质量改进措施

目前采取了很多针对多伦多分水岭和滨水区水质改进的措施。

1. 雨天流量管理总体规划

基于水质和潮湿的天气之间的基本关系，多伦多市发起了一个全面的结合场地与雨水影响的举措，称为《潮湿天气流量管理总体规划》（WWFMMP），该规划方案担负着全市的雨水管理策略。WWFMMP由来自多伦多紧急服务部门的工作人员协调，这些工作人员多来自城市的各公共资源管理部门，包括WWFMMP总体规划督导委员会、多伦多地区环保局、安大略自然资源部、安大略环境部、渔业和海洋部。

WWFMMP类似于滨水地区研究计划，其总体目标是识别改善环境策略。与滨水地区研究计划相比不同的是，雨天流量管理总体规划专注于雨天，而滨水地区的研究计划则更注重概念层面的环境问题。为了避免重复劳动，研究团队尚未开展单独的水环境质量评价。WWFMMP被假定为一种分析潮湿天气流量影响的综合性解决方案。

1）雨天流量管理总体规划的核心原则

◎ 雨水是一种资源。降落在建筑和街道的雨水（包括融雪），特别是在进入下水道之前的雨水应该被优先管理。

◎ 潮湿天气流量的管理优先基于应用于暴雨管理的自然水体为基础。

◎ 一个完整的雨季解决方案应涵盖从源头、径流、传送及管道末端的全过程控制。

◎ 多伦多的民众对雨天流量管理应有一定认识并参与其中。

2）雨天流量管理总体规划的目标

◎ 满足水质和沉积物质量标准；

◎ 通过污染防治消除有毒物质；

◎ 改善与人体直接接触的河流和湖泊水质；

◎ 提高美学效果；

◎ 保存和恢复自然水文循环；

◎ 消除或减少威胁生命和财产的洪水；

◎ 保护、加强与恢复自然属性（例如湿地）和功能；

◎ 实现水生群落的健康生存；

◎ 减少渔业污染；

◎ 消除未经处理的生活污水的排放；

◎ 减少渗透和污水的流入；

◎ 减轻地下室的受淹情况。

3）WWFMMP的具体措施

◎ 源头控制；

◎ 屋顶落水管拦截；

◎ 划分地段等级；

◎ 减少化肥和农药的使用；

◎ 屋顶节流和绿化；

◎ 输送控制；

◎ 增强沟渠排水；

◎ 渗透技术；

◎ 雨水井清洗；

◎ 末端管道控制；

◎ 提高处理能力；

◎ 调蓄池和调蓄隧道；

◎ 消毒；

◎ 扩大排放口。

为了支持雨天流量管理总体规划的发展，多伦多对滨水水动力及水质仿真模型开展研究，并由三级政府资助。本研究的目的是开发出一个模拟多伦多港口区域的水质模型。这项工作为整个滨水区填补了水动力和水质模拟模型的空白。

在雨天流量管理总体规划的发展过程中，雨水管理策略的实施将只会影响城市的边界范围。只有 31% 的排水区域排放至城市滨水边界，其中包含 905 个行政区。为解决这一问题，雨天流量管理总体规划考虑在这 905 个行政区进行雨水最佳管理实践，以进一步改善水环境质量。

4）雨天流量管理的发展阶段策略

（1）策略 1：现状

雨水最佳管理措施（BMPs）的实施，保持现有环境条件并在今后进行强化。

（2）策略 2：机会

为了实现 BMPs，合流污水研究区域可考虑对不同污染程度的废水进行分离。

（3）策略 3：初期目标——聚焦管道末端

BMPs 的贯彻实施以管道末端控制为基础，力争实现环境质量的提升。

（4）策略 4：初期目标——源头控制

同策略 3 一样，BMPs 的贯彻实施以重视源头控制为基础，力争实现环境质量的提升。

（5）策略 5：远期目标

增强源头控制、输送控制、管道末端控制措施的实施可显著提高环境质量，如达到"地方环境质量目标"，可用于合流污水区域的雨污分离。

为实现"地方环境质量目标"，实施周期大约 100 年，耗资约 120 亿美元。实施计划内优先发展的项目将在今后 25 年实现，该部分总成本约 10.35 亿美元，折合每年约 4 140 万美元。

2. 供水与用水效率

为了减少水的供应和废水处理的影响，多伦多市的三级政府进行了水效率评价方法的研究来恢复滨水区的活力。

对滨水区内 70 余种水效率措施进行了审查，筛选出 7 个可行的技术，分别是：① 检漏系统；② 计算机控制灌溉；③ 节水便器更换；④ 节水洗衣机更换；⑤ 户外用水审计；⑥ 室内用水审计；⑦ 灌溉用水限制。

这些措施的重点是提高现有的建筑和基础设施的用水效率。总的来说，通过以上七项措施可以削减每天高峰用水量约 266 L。该举措将每天减少 123 m³ 日常废水流量。从环境的角度来讲，与减少水的需求相关的好处包括减少能源消耗和大气中的碳排放量。

3. 雨水调蓄池

两个地下雨水调蓄池设置在东部沿海地区以拦截和转移雨水。在西海滩构建了一条被称为"西海滩雨水储存渠"的雨水储存管道。此存储管道于 2002 年完成，对 8 个合流制排水管渠和 2 个西海滩的排水口溢流雨水进行截留。

4. 工业污水排放控制

除了雨水对水质的控制起着最主要的作用，工业排放的废水与生活污水和雨水有着同样重要的作用。为了解决这个问题，多伦多市制定了加拿大最严苛的的污水排放及管道使用新规，对违规排污的行为处以严厉的处罚，并要求排水设施安装防污染装置。新的法规将改善污水和雨水的排放水质。

5. 雨水的源头和传输控制

1991 年初，在多伦多市所有的开发区都要求设置雨水的水质水量控制设施。重要的是，这一要求只适用于新城区的建设，因此来自多伦多其他高度城市化的地区的雨水继续未经处理被排放。然而，多伦多以北地区，通过建设雨水控制设施，如雨水调蓄池，已经部分缓解了穿过城市河流的水质恶化。尽管类似设施对城市的高度发达地区的约束作用不大（特别是对多伦多的老城区），但这些做法在包括滨水区在内的多数新城区应当继续被推广。

6. 污染物源削减

多伦多市采取了多项措施以减少有害化学品在公共场所的使用。到 1999 年底，多伦多市在公园和城市绿地中的杀虫剂使用量减少了 97% 以上。多伦多市的环境规划支持这一措施，并建议在私人土地上尽可能少地使用杀虫剂。这些举措将对滨水区的潜在污染的缓解具有积极的影响。

7. 废水消毒排放

用于消毒废水的常规技术是加氯。在一定的条件下，加氯氧化可能会产生卤代化合物等消毒副产品。这些化学物质对人体健康有影响，可能会导致癌症。2005 年初，Ashbridges 湾污水处理厂采用紫外线消毒替代加氯消毒，从而避免了消毒副产物的产生。

8. 资源配置

通过资本运作，多伦多市采取大量的拨款以提高雨水与河道水质。例如，2002 年的草案提出的基本建设工程预算中雨水管理的费用为 2 080 万美元，河道疏浚和减缓地下空间洪涝的费用为 1 040 万美元。这些资金也被用于建设新的基础设施，包括 Ellis . Colburn、Downsview 和 Spring Creek 地区的雨水管理设施。为了实施雨天流量管理总体规划，议会、政府和财政委员会批准了一项 10.35 亿美元的水和废水处理设施财

政预算和未来 25 年内 2.28 亿美元的运行费用。此外，该市正计划建立一个全面的资产管理系统，建立优先级和资金等级系统，以确保对水和废水投资的资金良好运转。

9. 节水措施

多伦多市正在调查研究包括节水淋浴喷头、节水马桶等在内的卫生器具对室内用水量的节水效果。多伦多房产公司以及应急服务部门最近正在进行对公寓楼中 50 台滚筒洗衣机安装的试点工程。与安装常规洗衣机的相比，试点工程可节省的水和能源（电能和天然气）消耗分别为 46% 和 68%。

10. 最佳管理实践

1999 年，多伦多市完成了一项环境评价项目，该项目可识别并对污染物残留量进行评估，该研究的初衷源于 R.C. Harris 过滤器厂的环境责任心和节约成本的想法。残留成分主要为水的前处理过程中投加的用于混凝去除悬浮固体的氢氧化铝。在这最佳实践项目之前，所有残留物都直接被排放入安大略湖。

11. 工程管理的最佳实践方案

1999 年，多伦多市着手开展雨水和污水的最佳管理实践研究。改变多伦多市的雨水和污水处理的运行模式需要投入大量的时间和经费，包括进行水质控制管理和开展员工培训。这一计划的预算大部分将花在老化设备的更新换代上，以提高系统的性能。例如，加装一个过程控制系统将提高所有雨水和污水处理设施的自动化水平。

除了最佳管理实践计划，社区服务改进计划也被引入，以提高服务效率、协调工作和贯彻方法。这一计划将确保水环境质量水平的相对提高。

12. 联合优化研究

城市供水和废水部门与约克区共同进行优化研究。目前多伦多市提供了部分约克区的饮用水供给。共同研究的目的是确定能够满足多伦多

2011 年至 2031 年最佳的给水设施。这也决定了水池容积，可以经济地在同一规划时期向约克区供水。

13. ISO 9001 认证

1999 年，多伦多市开始着手证明其废水水质实验室的 ISO 9001 质量保证标准。ISO 9001 是一个国际认可和接受的质量标准。为此，多伦多市水和废水服务部在其废水实验室建立了一个试点项目。操作人员在 1999 年 2 月入职，并在同年 10 月取得登记。水质实验室开始了 ISO 9001 认证，在 2001 年取得登记。

14. 加拿大环境分析实验室协会认证

除了 ISO 9001 注册，多伦多水和废水服务部还开展了加拿大环境分析实验室协会（CAEAL）的认证。这种认证是加拿大特定环境实验室对化学、放射化学、微生物学、毒理学等领域的认证。

同 ISO 9001 认证类似，城水废水实验室的 CAEAL 认证首先在有机物检测方面进行试点。试点工作开始于 1999 年，并在 2000 年的夏天获得认可。随后，加拿大环境分析实验室协会在 2001 年对废水水质实验室的其他领域进行了认证。

15. 应急方案

水和废水服务工作和应急服务部门提出了一种废水泄漏应急方案，以便工作人员进行处理，减少废水泄漏对公共财产和环境安全的影响。该方案包括：① 警察和消防等部门的作用；② 通知程序；③ 现场响应程序；④ 针对各种泄漏类型的清理程序。

16. 污水流入 / 渗透控制措施

2001 年 11 月，多伦多市政府授权启动城市范围的污水流入 / 渗透控制措施，以识别消除多余的流量来源，防止它们进一步进入城市的下水道系统。该措施开始于 2002 年，至 2005 年结束。

|第二节| 土壤与地下水、自然遗存、固体废弃物管理、环境评估管理及政策等技术策略

一、土壤与地下水改进策略

（一）引言

多伦多城市滨水区一直以来都是理想的工业厂址，在工业化开始发展的 18 世纪并持续到 19 世纪五十年代期间，工业对于滨水区物业的需求一直稳步上升。几十年来，城市通过采用在湖滨南岸填湖的方式来满足工业用地需求，填湖材料包括一部分城市和工业废物。这个进程中形成的滨水区产业促进了各种各样的工业门类，包括仓储、加工、废物和废金属管理、交通运输、火电以及市政管理等。

持续一个多世纪的工业活动污染和填湖材料中低劣材料的广泛使用导致湖滨大量地区的土壤和地下水污染。随着公园、开放空间、住宅楼以及商业设施在被污染区域的建造，将会有越来越多新的对历史性污染的敏感受体出现。在此情况下，土壤和地下水的污染亟需治理。

（二）现状

过去的 20 年，研究团队对滨水地区的土壤和地下水污染情况完成了大量的识别、定性和说明工作。尽管在信息沟通上仍存在一定的不对称，但是研究团队依然在治理滨水地区建筑的具体场地污染方面获得了大量技术信息资料，这些信息的收集工作通过对该地区的私有土地进行场地环境评估获得，区域层面收集背景资料的工作也在进行中。

滨水区的污染与土地在历史上的使用功能相一致，除了少数特例外，都可视为可见的污染源。虽然污染物的属性具有场地特殊性，但在整个区域的污染物主要包括重金属、无机非金属、石油烃类、挥发性有机化合物和半挥发性芳香族烃等，

这些污染物在很大程度上与散装盐、煤和石油存储相关。土壤污染存在于大部分场地的浅层区域，而地下水污染主要存在于靠近污染源的局部区域。场地恢复措施仅限于采挖、移除、异地处理和洁净土回填。含有轻至中等分子量的土壤有机污染治理可采用挖掘后现场处理的方式。

目前使用土地环境评价方法是基于需求的场地特定风险评估（Site Specific Risk Assessment, SSRA），其相对于针对大部分区域的全面修复在实现土壤和地下水安全达标的同时，还可以节省大量成本。在成本节省方面，SSRA 相对于针对大部分区域的全面修复可节约 10%～25%。因此，SSRA 在滨水区和整个城市其他环境治理方面是一种较好的方式。

（三）相关法律程序

安大略省环境部（MOE）拥有土壤和地下水水质的影响问题监管管辖权。根据《棕地成文法修订法 2001》（比尔，1956 年），是目前管辖安大略污染场地再利用的主要省级法规。当前还未进行立法的政策文件主要由《安大略省污染场地利用导则 1997》和相关汇编文件组成。

1. 安大略省污染场地利用导则（Guideline for Use at Contaminated Sites in Ontario，1997）

MOE 自 19 世纪八十年代以来一直依靠市政府在规划法规方面的权力促成污染场地治理标准的编制。对于滨水区再生项目，《安大略省污染场地利用导则（1997）》将作为环境部的政策文件。该导则提供了场地开发的方法和补救工作计划的执行要求，包括不同土地利用方案中超过 100 种不同的污染物的最大容许浓度表。

2. 棕地成文法修订法（Brownfields Statute Law Amendment Act，2001）

省政府制定的《棕地成文法修正法案2001》（56号法案），包括综合法案，旨在促进棕地、老工业以及过剩工业用地的再生，这些用地通常为历史遗留性污染场地。该法案要求对改变功能的房产进行评估、修复或实施风险管理（例如：工业/商业用地改变为住宅/公园用地）。如果历史性污染影响得到治理并登记，该法案也限定了当前和未来的业主的法律责任。

3. 协调场地修复评审程序（2002）

协调场地修复评审程序（2002）将在开发受污染场地的同时，及时有效地保护城市环境利益。新协调程序需要场地条件实录（Record of Site Condition，RSC）的完成、环境部的确认以及所有同行评议人员咨询报告的提交。同行评议的成本由业主承担。在业主使用基于需求的SSRA编制治理标准的情况下，不需要同行评议人员。多伦多公共卫生机构每年进行场地评价的随机复查，确保协调制度的合理执行，医务人员提供建议以完善协调制度。

4. 加拿大环境评估法案Canadian Environmental Assessment Act，CEAA）筛选程序

1）三种场地修复方法与流程

加拿大环境评估法案筛选程序将应用于可激活法案中环境评估的房产。滨水复兴区的三个整合联邦环境评估法案与场地修复处理方法的选择通过审查被定义。这些场地修复方法将联邦环境评估法案筛选程序、环境部修订导则或后续规定的应用、RSC的准备以及最终开发进行整合。图2-10列出了这些选项和程序中的流程。

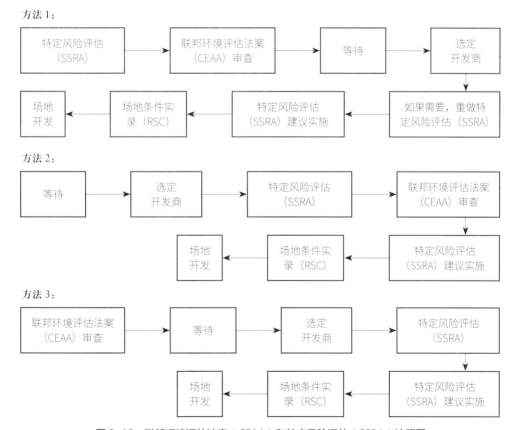

图2-10　联邦环境评估法案（CEAA）和特定风险评估（SSRA）流程图

2）三种场地修复方法的主要特点

①**方法一** 该方法包括场地开发用途、确定开发商人选前的联邦环境评估法案的评估和SSRA。在大多数情况下且在很大程度上，区域规划决定房地产开发的用途。RSC的准备在SSRA执行之后。

方法一的优点在于在确定开发商之前明确了场地土壤和地下水治理需求。通过这个过程，开发者会注意与公共或私有土地污染相关的责任。如果土地私有，污染治理的成本和责任将由开发商和多伦多滨水复兴公司谈判协商解决。

方法一的缺点在于，由于终极产权使用的不确定性，SSRA的完成是保守的。

总的看来，这种方法可以使多伦多滨水复兴公司在场地用途和开发者确定之前以区域视野看待场地复兴。SSRA基于居住/公园开发要求确保开发的灵活性最大化。这种方法为基于CEAA和SSRA的任何一种开发提供基础准备。

②**方法二** 方法二是在房产开发人选确定之前完成CEAA审查，进而完成SSRA。当开发商担保和土地用途确定后，SSRA将开始进行，其建议书也相应开始执行，RSC的准备SSRA执行之后。

方法二的优点在于CEAA审查在开发商确定之前提供污染场地和场地治理潜在要求的背景信息。随着开发商的确定，同时拥有CEAA审查相关资料信息，SSRA将为特定用途开发提供支持和建议。在方法一中可能出现的SSRA修订不会在方法二中出现。

方法二的缺点在于CEAA审查基于当时的可用信息，而非经过额外调查所得信息。额外的场地调查会造成延误，使得SSRA在开发商确定以后完成。

总结来看，这种方法允许场地在满足CEAA要求和开发商选定的情况下进行开发。由于SSRA和RSC先于开发之前完成，因此会在一定程度上延迟项目进度。

③**方法三** 方法三首先选定开发商，然后进行SSRA和CEAA审查，于SSRA建议实施和RSC准备完成之后场地开发。

方法三的优点在于首先选定开发商人选，SSRA和CEAA审查可以基于实际开发用途进行。

方法三的缺点在于污染场地预期风险信息的缺乏可能丧失潜在开发商。SSRA和RSC在开发商选定之后进行会造成项目进度迟滞。

总的来看，这种方法同样允许场地在满足CEAA要求和开发商选定的情况下进行开发，但不确定因素是在开发商确定负债和风险所需的信息方面。由于CEAA、SSRA以及RSC方面的要求，场地开发之前会造成项目进度迟滞。

（四）MOE污染管理方法

省级清理指南确定了三种针对污染场地的管理方法。

1. 背景方法

这涉及到复原现场环境的土壤质量使用标准，该标准能相应地反映自然环境下土壤质量的背景条件。这个方法的标准从安大略省范围内未受当地点源污染的乡村和城市公园采样程序演变而来。经过处理或场外处置，污染物浓度降低至背景条件水平。这个方法最为保守。

2. 通用方法

在这个方法中，土壤和地下水的质量标准已得到提升，向人类和生态健康提供保护，防止潜在负面影响，这样的标准已被应用于不同的土地用途中（农业、住宅/公共绿地和工业/商业）。通用方法的标准分为两个子集：① 完整深度标准，即从土壤表面至基岩层的整个深度执行同样的标准；② 分层清理标准，即每1.5 m深度的土壤执行同样的标准。

3. SSRA

SSRA 提供了一种考虑了污染物、暴露的人群（人类、植物和动物）和污染过程（人类与污染物的接触）之间实际关系的方法。如果在人类和污染物之间能够建立起有效的管理、建设及防控屏障的话，被阻隔的残留污染物将高于通用方法中所确定的量。

这一过程涉及风险评估应用，建立特定场地的暴露标准。通过运用风险评估的成果，为基于不同暴露控制程序实践应用的具体场地制定风险管理策略。这些策略通常包括使用设备或者建筑技术，以减少敏感受体暴露于污染源的相关风险。根据场地污染的性质，SSRA 可以用于实现人类健康和生态保护需要的水平，与整体尺度、边界到边界补救措施相比显著降低了成本。场地地风险评估和风险管理规划规定仅仅适用于特定用途，如果对使用模式有任何变化，则必须重新进行风险评估和规划。

（五）受污染土壤的治理成本

在滨水复兴计划的前期准备阶段，与滨水地区、尤其是 Port Lands 地区受污染土壤相关的治理成本是巨大的。在明确这些成本的规模的过程中，多伦多市启用了受托于 TEDCO 而开展的港口土地污染管理成本全面分析审查结果。

此项分析是假定土壤和地下水治理方法都应用于工业 / 商业和住宅 / 公园绿地的用途，并计算出所需要的成本；换句话说，整个 Port Lands 地区设定被复原至工业 / 商业标准，或者被复原至住宅 / 公园绿地标准。成本评估按照下列两种污染治理方法开展，二者均符合适用法规的要求：① 全纵深、全范围的污染物场地清理；② 基于场地特定风险评估的风险管理程序。

研究结论是：确定总体土壤和地下水管理成本的主要变量是所使用的方法。土地利用类别被认为不是那么有影响力的变量。表 2-25 中提供了估计受污染的土壤和地下水管理成本。

表 2-25　港口区被污染土壤和地下水管理相关估计成本

	边界到边界全纵深清理	基于 SSRA 风险管理程序
工业 / 商业标准	36 550 万加元	4 350 万加元
住宅 / 公园绿地标准	49 150 万加元	55 700 万加元

（六）新污染源的控制

相较于历史性污染，新开发产生的污染居于次要地位。新污染源，如滨水区道路上的除冰盐会持续向环境释放化学元素。汽车和工业带来的空气污染物的沉积和后续渗滤也会影响土壤和地下水质量。同样，草地和公园里使用的除草剂和杀虫剂会向地下渗透化学物质。空气污染物的表面沉积、农药和道路除冰盐对于滨水区来说并不是孤立的因素。

通过优化和最小化使用上述化学品，可以在一定程度上降低污染影响。为达到这一目的，城市管理者正采取大量措施来减少潜在有害化学品在公共和私人土地上的使用。例如，巾议会采取了多伦多公共卫生局《逐步淘汰杀虫剂使用（1998）》报告中的建议措施。这一措施的目标是在全市范围内分阶段淘汰杀虫剂。到 1999 年，多伦多市区公园和城市绿地中杀虫剂的使用减少了 97%。城市环境规划也提出了相应的在私有土地上消除杀虫剂的策略建议。多伦多市正采取在私有地产上逐步淘汰杀虫剂使用的策略。《多伦多减少室外杀虫剂使用：寻找共同土地（2002）》文件中提出了相关建议措施。这些措施的共同使用对滨水复兴区潜在污染威胁起到了积极的影响。

滨水复兴区的目标是采用可持续的方式改善

整体健康和环境水平。虽然滨水复兴区中土壤和地下水影响相对于预期的改善效果是微不足道的，然而最小化这些影响也很重要。

二、自然遗存的改善策略

（一）引言

在过去的两百年间，由于人口的增加、工业化的发展、住宅的开发以及交通基础设施的建设，多伦多的自然景观和滨水区已发生了巨大的变化。人们重新开始关注整个城市的自然遗产问题，这个过程包括评估自然遗产的现状和采取改善措施。

（二）现状

多伦多市的开发移去了绝大多数的植被，并逐渐改变了原始地貌。沿着滨水核心区的土地开垦破坏了河边的栖息地，取而代之的是工商业和交通用地。填湖和工业化活动污染了土壤，与此同时，各种各样的化学污染源污染了水体。直到20世纪五十年代，陆地栖息地几乎全部受到影响，水生栖息地也严重退化。

栖息地的丧失和猎捕活动使得哺乳动物和鸟类被迫迁徙。在面对陆地栖息动物同样压力的同时，水体质量的恶化以及过度捕鱼导致诸如大西洋鲑鱼、湖白鲑、湖红点鲑、鲟鱼、加拿大白鲑以及其他水生物种灭绝。由于持续的有毒污染物的影响，食鱼鸟如环嘴鸥、黑冠夜鹭和双冠鸬鹚的数量严重减少。只有那些在重重压力和环境退化的条件下可以生存的鱼类和野生动物才有机会存活，如浣熊、鸽子、鲤鱼等，这些物种都属于外来物种，极少有自然天敌的威胁。

如今，就数量和质量而言，滨水区大部分的陆生栖息地问题不得不引起人们的担忧。例如，在市中心的树木覆盖率降低到大约20%，在滨水区树木覆盖率只有3%，而树木在此之前曾一度覆盖几乎整个城区。

尽管滨水区的自然特征发生了本质上的改变，但是仍然存有一些高质量的栖息地。在多伦多岛屿沿着外港海滨的北侧，人们仍然可以找到种种高质量的生态栖息地，这包括湿草甸、季节性的池塘、湿地、泻湖、沙丘、沙大草原和杨木林。这些栖息地除了可以为人们提供独一无二的景观资源外，还存活了大量的稀有植物品种、12种哺乳动物、27种蝴蝶、5种爬行动物、2种两栖动物和260种鸟类。

近年来，归功于省和市层面上出台的相关保护政策，多伦多市保持了良好的陆生栖息地的覆盖面积，推动了河谷和河流廊道的成功保护。多伦多市目前有8 595 hm^2 自然栖息地，覆盖了多伦多市整个市区13.5%的面积，但是这些栖息地的分布是不均匀的，绝大多数的大块的栖息地区域位于高地沼泽流域。其中，最大的栖息地为127 hm^2，最小的栖息地不足5 hm^2，城市内部几乎没有森林覆盖。就整体覆盖而言，红河公园所拥有的栖息地覆盖面积占的比重非常大，以至于很难再合适地评估城市其他的覆盖栖息地。通常来说，城市内的栖息地区域倾向于小尺寸，因而受外界负面影响较大，这也限制了高敏感度物种在这些小块栖息地的存活能力。这些外界影响包括：过度的休闲使用、污染和能够适应城市格局的捕食者，如乌鸦、狐狸和浣熊。

大约有240种植物群落得以确认，绝大多数是这个区域的常见物种，其中也不乏一些稀有物种，如：茂草草原和残留的草原。研究甚至发现，多伦多市还有大量地方性特有的植物物种。然而，外来入侵物种和整个生态系统的健康水平下滑已经威胁到这些特有物种的生存。此外，多伦多市还存在区域性稀有的植物物种，这些物种主要分布在红河流域。

（三）多伦多市相关改善措施

城市自然遗存的特征和功能是成为自然生物

的融合体，为城市中生物多样性提供支撑。新的官方规划于2002年11月份被多伦多城市议会采纳，这个规划特别强调了城市自然遗产。这个规划中所界定的自然遗产系统是一个不断进化的自然系统，也可能超出了已限定的边界。

1. 新官方规划中的自然环境部分针对自然遗产提出了四种政策

（1）第一条政策规定，新官方规划中的自然遗产系统不应该允许其开发。在自然遗产内或附近的潜在土地使用，其开发需满足：

① 在这些土地开发使用的情况下，尽可能地认识到自然遗产系统的自然遗产价值和潜在影响是合理的；

② 尽可能地减少对自然遗产系统的不利影响，恢复和加强自然遗产系统。

（2）第二条政策关注土地许可或规划授权。该政策规定任何一片整体位于或者部分位于城市自然遗产系统内的土地都不允许其分割使用。除以下几种特例外：

① 正在移交到多伦多及地方保护局或者其他公共机构的土地；

② 有特殊政策领域授权的土地；

③ 对自然遗产的影响有评估证明，并且完全满足要求的土地。

（3）第三条政策适合于在自然遗产系统内或者附近的土地开发。所有在自然遗产系统内或者附近的开发提议都要进行评估。评估是为了评价开发过程对自然遗产的影响以及确定为减少或者改善对自然遗产的不利影响所采取的措施。这需要考虑大量的评判标准，如陆地自然栖息地的特征和功能、植物群落以及某些特别关注的物种。为了更好落实评估的研究，需要建立并满足相关的导则。

（4）第四条政策规定保护、恢复和加强自然遗产系统需认识到公共土地所有人、私有土地所有人、机构和组织之间的联合角色关系和联合作用的影响。

新官方规划中的公园和公共空间区域部分还提供了一条额外的政策，即"公园和公共空间区域的任何开发都须满足"：

① 保护、加强和恢复树木、植被以及其他自然遗产特性；

② 对环境和人与自然接触的场所进行保护与完善，但不包括会破坏那些敏感自然遗存特征的场所。

2. 在多伦多绿色空间系统和滨水区政策的引导下，绿色空间系统的深化可以通过获得土地或者土地使用权以及具有重要遗产价值的相关私人开发活动来实现，这些私人开发活动也可以和绿色空间系统相结合

新官方规划对于公共或者私人性质的城市建筑活动和对于已建成环境的改造的相关政策都是基于维持和改善自然生态系统的健康和完整性之上的。其中特别需要注意的是：

① 本土动植物和水生物种的栖息地；

② 水质和沉积物质量；

③ 地貌、峡谷、河道、湿地、海岸线以及相关的生物物理过程；

④ 自然遗产系统和其他绿色空间的自然衔接。

从新官方规划中的政策和声明中可以清楚看出，这些政策和声明着重强调保护多伦多现存的自然遗产系统，并在可能条件下尽可能地予以改善。

（四）其他改善活动

1. 规划活动

有众多的规划活动或者团体寻求恢复滨水区的自然风貌。其中，最重要的规划活动包括：

（1）多伦多和地区补救行动计划（RAP）是加拿大环境部、海滨重建信托和多伦多及地区环保局共同努力的结果。在诸多相关活动中，这个团体主要负责为恢复区域水域质量的行动提出建议。

（2）WWFMMP 开始于 1998 年，主要解决多伦多滨水区的水质改善领域的诸多相关问题。该规划关注雨水管理的方法和系统的识别，该规划可带来的主要效益是改善安大略湖的水质。通过这些措施，城市的滨水区和自然遗产系统可以得到改善。

（3）顿河分水岭再生委员会（The Don Watershed Regeneration Council，TWRC）在多伦多及地方保护局的支持下，确立了一整套的可持续目标和 18 个顿河环境健康的指标。顿河作为进入港区的最主要污染源，这些努力都是改善滨水环境质量的必要手段。

复原多伦多及地区的滨水区和分水岭的进程是缓慢的。多伦多城市及周边区域的行动方案、大纲和政策已经开始准备了。然而，自然遗产系统并不是按照城市或者地区的边界进行划分的，

图 2-11　顿河河口的改造方案

新增长的城市区域中上游退化一直在影响城市的自然遗产系统。与此同时，各级政府重组和预算的削减使得修复计划的资金也相应减少。然而，修复计划已经取得重要进展。例如，沿着滨水区有将近 120 hm^2 的省属重要的湿地，其中，将近 20 hm^2 的湿地是在过去的 8 年内修复的。东部峡谷的沉淀物如今能够满足开放式水源地处理导则，在多伦多和亨伯湾的部分区域沉淀物质量有了明显的提高。尽管海底生物数量增长压力较大，但是这种压力等级还没有强大到威胁海底生物的死亡。除此之外，随着城市新官方规划、《多伦多城市的潮湿天气流管理总体规划的制定和形成影响（2001）》的行动方案实施，最后修订的版本于 2003 年提交给城市议会，整座城市将会拥有更为综合性的框架使得保护自然遗产的进程继续推进。

2. "筑波行动"

"筑波行动"（2001）的方案有着一系列明确的措施以改善自然滨水区栖息地，并获得了众多关心自然遗产的组织的支持。这个方案的目的是为了恢复多伦多市自然遗产中的主要元素，包括：

（1）顿河：混凝土砌筑渠道将由自然化的河口替代。除提供对波特兰地区的防洪外，这些区域还可以作为滨河的栖息地，见图 2-11。

（2）绿色通道：延伸顿河穿过波特兰的绿色通道可以为新的栖息地和生态系统的连通提供很好的契机。

（3）滨水区污染源管理：开发滨水区必须要减轻或者移除以往污染的影响。在这种情况下，自然环境的质量是可以期待改善的。

顿河河口的植入环境评估和西顿河地的相关防洪是在 2001 年春季，由多伦多三级政府机构确定下来的优先发展项目。这个项目结合了公园以及"筑波行动"（2001）中明确的自然通道。

这个项目的最终研究报告于 2003 年提交给城市议会，体现了为实现适应人类活动与保存、保护和改善环境之间平衡的重要内容。

"筑波行动"（2001）的公共协商产生了增加公园和自然景区面积的诸多建议。这些提供的意见也在《TWRC 发展规划和商业策略（2002 年 10 月）》中有所反映。总之，这些措施有增加可观数量的鱼类和野生栖息地的潜力。

三、固体废弃物管理策略

垃圾管理是一个复杂的问题，多伦多市已经研究这个问题 25 年了。多伦多市不断探索有效的、可持续的垃圾管理策略，形成一些可行的政策和措施，这些策略的共同目标是建立一个最大限度降低废弃物处理量的系统（如垃圾填埋或其他传统垃圾处理技术）。

目前多伦多的垃圾转移量为 25%，该数据是令人满意的。然而根据其他辖区的经验，有更多的垃圾应该能被转移掉。从政策的角度看，废弃物转移已经彻底融入到城市的发展规划之中。环境法要求垃圾转移比例从 2010 年的 75% 达到 2020 年的 100%。《废弃物强制处理行动计划》（Waste Diversion Task Force 2010）更是直接针对垃圾填埋的处理，实现 2003 年达到 30%，2006 年达到 60%，2010 年达到 100% 的目标。

（一）现状

（1）有许多直接或间接影响废弃物的产生及处理的因素，主要包括以下方面：

① 垃圾填埋场滤液带来的地下水污染；

② 垃圾填埋场以及垃圾处理设施排出的温室气体、污染气体和臭味气体；

③ 来自热处理设施的温室气体和大气污染；

④ 交通影响；

⑤ 可以回收再利用的材料没有被充分利用等。

从某种程度上讲，通过系统的改善，许多废弃物处理的影响得到缓解。

例如，通过场地限制、土工膜的应用、地下水监测和后期处理，垃圾填埋场地下水风险得到降低。同样，通过采用先进的控制废气排放技术，热处理对环境的影响也得到改善。在废弃物（如橡胶、纸等）的提炼和处理过程中，为降低对环境的影响，回收再利用起到重要的作用。

虽然废弃物管理得到不断改善，公众关心的各种各样环境问题仍需要解决。只要没有采用有效的方式进行生产、运输、处理，城市固体垃圾仍会对环境产生不良影响。

（2）多伦多目前的废弃物情况如下：

① 住宅产生的垃圾是 877 000 t，平均每户每年产生 365kg。

② 通过废弃物降低、循环利用和制作肥料，废弃物转移的比例为 24.5%。

目前，这座城市人均废弃物生产率可能变化不会太大。这种现状是多种因素相互制约产生的，例如：过于注重形式的产品包装以及公众关注废弃物处理有关的环境事件等。因此，在有限的期限内，多伦多市每人废弃物生产率不可能有大的变化。

（二）固体废弃物处理传统方式

密歇根州是通过垃圾填埋场对废弃物的处理来平衡住宅废弃物的。随着 2002 年 12 月 31 日 Keele Valley 垃圾填埋场关闭，来自这个城市所有剩余的家庭废弃物直接运到了大多伦多地区外的垃圾填埋场。

从中长期来看，垃圾填埋将成为这个城市垃圾处理战略的组成部分。目前正在开展调查，用来识别和评估各种替代方案，包括选用一些新兴技术。在采纳可替代的固体垃圾处理方案之前，对于不能通过源头上降低废弃物量或通过分离技术处理的剩余固体垃圾，继续利用垃圾填埋处理固体废弃物更加合理。

（三）固体废弃物处理的改善目标

表 2-26 总结了滨水复兴地区的废弃物产量和处理量。

基于与现状相关的废弃物生成量比例的增加（设想 3 高达 4.2%），很明显面对这个城市，滨水复兴地区有可能加剧废弃物管理带来的挑战。优化废弃物转移将有助于降低滨水复兴地区以及其他城市给环境带来的影响。

随着多伦多市已经开始实施开发计划，降低由于市政固体废弃物带来的不利影响，各种转移方案已经确定了下来。下面用"高""中""低"来描述更详细的目标，这些都是通过议会确定的废弃物转移目标，表 2-27 中进行了总结，与目标的期限和水平相符。

作为多伦多市最新的政策，高转移（例如2010 年强制计划）表明了这个城市以及滨水复兴地区的当前废弃物转移目标。需要说明的是，相对于当前的废弃物转移水平，表 2-27 总结的所有转移目标，特别是中等、高等转移，是雄心勃勃的。同时很明显，对于废弃物的管理，如果

希望可持续，改变态度和方法显得更加重要。多伦多市议会已经意识到，需要有技术和合作伙伴对废弃物进行循环再利用以及堆肥处理。这并非不可实现的幻想。但是这要求在现实生活中，需要有一个有责任的社会为之努力。

（四）固体废弃物处理改善措施

1. 废弃物转移

如表 2-28 所总结的那样，多伦多市利用了多种废弃物转移机制。除了目前计划增加的部分，这个城市正在探索一些可行的方法，用来进一步增加处理废弃物转移的量。

2. 城市定位与规划的相关策略

由于多伦多市正在推进废弃物转移目标，滨水复兴地区为此提供了一个绝佳的机会，该地区的位置特性使得它成为实施城市废弃物管理目标的理想城市，具体包括：

（1）规模　滨水复兴地区有足够的人，在废弃物处理对环境影响方面能够做到实质性的降低。同时人口不是很大，不会造成物流过于复杂。

（2）基础设施　滨水复兴地区所有新的发展都应设计先进的废弃物管理基础设施。基础设施

表 2-26　滨水复兴地区住宅废弃物产生量与处理量（假设 2000 年整个城市都一样）

	人口	废弃物产量（t）	废弃物处理（t）	废弃物转移（t）	增加的百分比（%）
设想 1	34 000	12 410	3 040	9 370	1.4
设想 2	68 000	24 820	6 080	18 740	2.8
设想 3	102 000	37 230	9 120	28 110	4.2

表 2-27　多伦多市和滨水复兴地区废弃物转移状况总结

转移状况	多伦多	转移的比例		
		2000 年	2010 年	2021 年
高	强制任务	25%	100%	100%
中	多伦多环境计划	25%	75%	100%
低	多伦多市 3R 实施计划（2000 年 9 月）	25%	50%（2006 年）	75%

表2-28 2000年在多伦多市家庭废弃物转移

项目	转移的重量（t）	占总的比例（%）
绿色垃圾箱计划	125 609	14.3
落叶积肥	24 391	2.8
树木和庭院垃圾	29 776	3.4
圣诞树	1 856	0.2
庭院垃圾积肥	16 901	1.9
仓库/环境日	905	0.1
大型家具	2 642	0.3
草循环利用	12 500	1.4
家庭危险废弃物	1 137	0.1
合计	215 717	24.5

的设计和特性不应受到现有建筑的限制。

（3）可接受的变化 在滨水复兴地区内的人都应是新迁来的（包括住宅和商业），这样有助于人们形成一个良好的社会习惯：要求降低废弃物产生量和采取废弃物转移策略。

（4）土地利用规划 对于滨水复兴地区，这个混合的规划方法包括提供一个各种各样的服务空间，在这种情况下将各种垃圾处理设施尽可能地靠近服务的人群。

综上所述，在滨水复兴地区成功实施废弃物管理策略，将不仅有助于降低滨海带来的影响，也有利于改进整个城市的面貌。如果在多伦多的其他地方也实施类似的计划，滨水复兴地区废弃物管理带来的环境效益将是不可估量的。

3. 绿色垃圾箱：在源头分离有机垃圾

有机材料（如食物、纸张）占到多伦多市政废弃物产生总量的三分之一，这些废弃物过去被认为是废弃物，在垃圾填埋场与其他固体垃圾一起进行处理。在过去20年间，有机废弃物不再被认为是废弃物而应作为资源。这种观念上的转变来自于有机废弃物在垃圾填埋场处理时带来的负面影响。例如在厌氧条件下，有机物将产生大量温室气体——甲烷。另外需要关注的是有机废弃物在垃圾填埋场处理时，带来的地下水污染以及有机废弃物处理成本。

如果将有机物作为资源而不是当作废弃物，它的优越性将更加突出，来自垃圾处理场的沼气通过收集后，可作为燃料使用，代替其他不可再生能源。在废弃物分解后，剩余的固体废弃物还能作为植物的养料使用。通过降低废弃物处理量，转移来自垃圾填埋场的有机废弃物能够帮助降低对环境的不利影响，同时还能降低传统处理废弃物带来的运行成本。

转移有机废弃物的一个主要挑战是如何制定出一个有效的机制，将有机废弃物从其他废弃物中分离出来。为解决这个问题，多伦多市开始实施三类废弃物筛分措施，该措施将废弃物分为可回收废弃物、剩余废弃物以及有机废弃物。这种新的废弃物收集系统在2002年9月的怡陶碧谷湾（Etobicoke）中发起，并在北美达到最高程度。该项活动向家庭主妇提供一个防止动物接近和不透气的绿色垃圾箱，用来收集各种有机废弃物，包括：

◎ 废纸、毛织物品；

◎ 食物包装袋，微波炉爆米花袋、冰激凌袋；

◎ 箱子；

◎ 水果蔬菜渣；

◎ 肉类和鱼内脏；

◎ 面包、面食品；

◎ 乳制品、鸡蛋壳；

◎ 咖啡渣、茶叶包；

◎ 糖果；

◎ 尿布、卫生产品；

◎ 家庭植物包括土壤等；

◎ 动物内脏和被褥。

有机废弃物每周进行收集，然后在多伦多特定的有机物处理设施进行处理，这个新的工厂是按照绿色垃圾收集箱（Green Bin）机制设计的。

随着城市的不断扩大，绿色垃圾箱计划在城市中扮演着重要的角色。到 2006 年，它实现了处理 60% 废弃物的目标。类似的计划也为滨水复兴地区作出了贡献。然而由于绿色垃圾箱计划是按照单个家庭进行设计的，要在滨水复兴地区进行应用，还要对这个计划进行修订。多伦多市正在探索一些方法，确保这个计划能在公寓楼成功应用，因为这个城市 40% 的居民生活在高层公寓楼内。目前多伦多市为 5 000 个多单元公寓提供收集服务。为应对这一挑战，公寓楼里正在开展试点，探索不同的方法来收集家庭有机废弃物，然后在 Dufferin 有机废弃物处理厂进行处理。这个工厂的操作流程将在下一节的厌氧分解部分进行介绍。目前开展的项目是深度收集和自动筛选。这个城市正在评估两类深度收集系统，包含安装在地下的收集容器。自动筛选分类系统是三类废弃物筛选系统的有机组成部分。筛选系统用于指导居民灵活处理废弃物。

4. 厌氧分解

在缺少氧气的情况下，有机物将分解为肥料和沼气。在垃圾填埋场，这个分解工艺可能要经过几年才能完成，这需要根据环境条件而定。控制厌氧分解就是要优化分解工艺，厌氧分解的副产品将间接被应用。沼气将作为燃料或者发电。对于剩余的材料，如果量充足的话，可以作为植物肥料使用。为此，在理想的条件下，厌氧分解的好处可以分为下面三个方面：

◎ 废弃物的量将显著降低；

◎ 获取可再生能源；

◎ 制作营养肥料。

认识到这些好处，多伦多市和一些组织正在开展调研，评估怎样利用厌氧分解的有机废弃物处理。Dufferin 工厂在这方面是一个实践者，它采用专利技术处理从城市绿色垃圾箱计划收集而来的有机废弃物，帮助垃圾填埋厂降低垃圾处理量。这个工厂运转流程如下：

① 用垃圾运输车将路边集中收集的垃圾装车后运至工厂；

② 检查有机物，将不需要的、大的东西拣出去；

③ 利用水力打浆机将这些有机废弃物进行打浆处理，对于不需要的塑料、玻璃、金属，通过筛选和处理工艺将其从液态浆中去除；

④ 厌氧分解经历 15 d 将液浆分解为两种东西：有机固体材料和生物气体；

⑤ 有机固体材料通过卡车运至尼亚加拉的工厂，用于制作肥料；

⑥ 制成肥料后将用于景观绿化、蔬菜、土壤改良等。

有机废弃物处理是在一个密闭的房间或者靠近密封房间的分解池内完成的。设计一套通风系统，向密封房间内送风，但不允许向外排气。这个系统还有一套生物过滤器用来排放房间内持续产生的气体。即使不处理有机废弃物时，这个生物过滤器也不能停止运行。

Dufferin 有机物处理工厂每年处理废弃物量高达 25 000 t。这些有机垃圾来自多伦多市的家庭、商业及公共建筑内。如果证明厌氧分解方法是有效的，这个工厂还可以扩大规模，使处理量达到每年 120 000 t，这为多伦多市和滨水复兴地区的废弃物的厌氧分解应用提供了一些机会。

与滨水复兴地区相关的部门，如多伦多市的工作与紧急服务部（the City of Toronto's Works and Emergency Services Department）、Enwave 能源有限公司以及加拿大联邦市政绿色发展基金在开展一项可行性研究，评估在滨水复兴地区设置一座厌氧分解的垃圾处理厂可行性。从有机废弃物中获取沼气的研究在 2002 年 11 月完成。这项研究中厌氧分解的目标是帮助这个城市完成废弃物转移、降低温室气体排放、获取可再生能源，这个目标得到了市议会的采纳。

这项研究评估了干湿厌氧分解技术，包括年处理量达到 100 000 t 和 200 000 t 的工厂、10% 和 30% 达到非有机废弃物材料的处理，这个目标如下：

① 获取关于在 Port Lands 发展厌氧分解工厂的技术和资金支持；

② 介绍技术和甲烷气体输送的成本；

③ 创造良好环境效益，特别是降低温室气体排放量。

按照目前的条件，从这个工程获取的甲烷可以补充滨水复兴地区对天然气的能源需求，这个工艺也将降低城市废弃物管理的需要以及提供一种有价值的可再生能源。

这项技术的研究结论是：厌氧分解设施的处理能力是每年 10 000 t 和 20 000 t，设施理论上以 Port Lands 市为项目的最终选址。这个城市最终选定在博兰特建一座工厂，按照适当的发展要求，还将开展正式的公众咨询和精确选址。

厌氧分解是一个补充措施，它可能成为可再生能源集成概念的一部分。在这方面，厌氧分解与一些举措融合（沼气发电），可促进城市的废弃物转移、降低温室气体排放以产生可再生能源。

基于目前现有的资料，厌氧分解技术似乎可以大量处理废弃物垃圾。总的来说，这个概念代表了一种就地解决废弃物的管理方法，如果成功，废弃物就地解决的管理方法还可在这个城市的其他战略地区应用。

厌氧分解的研究结果已经被纳入到固体废除处理服务中，用来发展一个长期的有机废弃物处理策略。发展策略和厌氧分解研究在 2002 年 11 月的多伦多市工作委员会上分别以下面两个议题进行了讨论：

① 从源头上分离有机废弃物处理策略；

② 从源头上分离有机废弃物的厌氧分解技术产生能源。

委员会批准了一项建议来扩大 Dufferin 工厂有机废弃物设施的规模，这反映了这座城市需要更多时间用来总结厌氧分解的运营经验。

5. 多住户住宅的收集系统

公寓楼废弃物收集机制导致了一个较低的废弃物转移率，相对单户住宅废弃物 32% 的收集率，公寓楼只有 9%。为了改善这种状况，这个城市在两座公寓楼内安装了自动筛分系统来提高废弃物转移率和测试有机废弃物的收集技术。市议会要求开展立法，改造现有高层住宅公寓以便促进废弃物循环利用。对于滨水复兴地区而言，这显得十分重要，因为大部分人都生活在公寓里面，如果没有有效的方法实现大量的废弃物转移，滨水复兴地区所期望的环境就不可能实现。

除了要面对提高多单元住宅的废弃物分离和水平转移的挑战，废弃物收集和储存也对环境产生不利影响。采用集中真空收集的专利技术对于滨水复兴地区来说是十分适用的。这个系统由废弃物入口（包括户内、户外）、地下管网、真空系统（包括静态、动态）组成。

在废弃物入口处的垃圾临时放置在排泄阀上部的筛分槽内。中央控制系统定期开启排泄阀、启动风机抽真空使系统成为真空环境，在真空环境下将垃圾通过管网系统运至集中收集站，在那里将垃圾压缩并储存在一个容器内。控制真空系统的空气流速来降低噪声，并在灰尘和臭气排入大气之前进行过滤。这个系统还可以改进用于收集可循环材料以及其他有机废弃物。如果按照这种设计，应为每种类别的垃圾都增设一个入口和容器。控制系统通过操作转向阀将每类垃圾输送至对应的容器内。当容器装满以后，用车运走和卸载，进一步进行废弃物处理、循环和堆肥。

真空收集系统对于密度大的城市十分实用，

特别是像滨水复兴地区这样的地方，管网系统可以与其他市政基础整合在在一起。如果在滨水复兴地区安装真空收集系统，将有助于减少传统废弃物储存和收集方法对环境，如汽车尾气、恶臭、昆虫等，带来的负面影响。

6. 其他废弃物管理举措

除了上述提及的措施外，多伦多市还在积极评估可帮助提高废弃物转移率的其他方法。所有这些方法都应认作是集成和强大的废弃物处理策略的一个有机组成部分。

通过绿色垃圾箱计划，扩大垃圾收集容器类型的数量，聚合类容器、牛奶盒、空油漆桶、气雾罐等都应添加到市政收集系统中。

1) 用户付款计划

从 2002 年 1 月开始，这座城市引进散装和标签袋，通过在机构、董事会、委员会以及有关部门内推广，用来促进废弃物的转移。2002 年 9 月，黄色袋开始在商业机构实施垃圾残渣的全成本回收。尽管公众反对，类似的方法仍在其他司法管控区域内实施，这有效降低了废弃物的产生，因此应该考虑在滨水复兴地区推广。

2) 家庭危险废弃物收集

这座城市正在探索提高家庭危险废弃物的回收，包括家庭废弃物设施的推介和零售商的回收计划。

3) 垃圾填埋产生沼气的收集

多伦多市每年从当地的三家垃圾填埋场（Keele Valley、Brock West 以及 Beare）回收超过 100 000 t 的沼气，这些甲烷气体燃烧后产生了 56 MW 的电力。评估后发现，相对于传统的化石燃料电厂发电，甲烷发电可以减少二氧化碳排放约 100 000 t。采用垃圾填埋气发电后，由于降低了二氧化碳的排放，还有助于降低温室气体对环境的影响。

（五）滨水地区废弃物管理框架

表 2-29 给出了可在滨水复兴地区实施的三种废弃物管理实施框架，这些框架关注于通用的

表 2-29　滨水复兴地区废弃物管理框架

可选择的实施方案	系统描述	对于新程序和设施的要求	效果
框架 A：现状（废弃物输出）	■ 在滨水复兴地区产生的固体废弃物通过这座城市的废弃物管理系统用综合的固体废弃物管理设施进行处理 ■ 多伦多远期计划不会考虑，滨水复兴地区是例外	■ 滨水复兴地区的方案遵循这座城市其他地方的开发方案 ■ 废弃物转移和循环设施在滨水复兴地区完成	■ 废弃物处理量增加（直到完成 100% 目标） ■ 废弃物通过其他地方的废弃处理设施进行管理
框架 B：没有输出方法（废弃物在滨水复兴地区内部进行管理，且靠近废弃物产生处）	■ 滨水复兴地区产生的所有的废弃物通过滨水复兴地区的程序和设施进行管理 ■ 从这座城市的其他地方吸收废弃物具有重要的影响	■ 要求用新的设施完成闭环集成系统。为完成 100% 的转移，需要有创新的设施 ■ 对于不能实现 100% 转移的情况，为满足目标要求，滨水复兴地区还应采取其他措施，如垃圾填埋、热力处理等措施	■ 如滨水复兴地区是完全的废弃物输入，综合的累计效益将是可观的 ■ 如果转移目标未实现，那么局部负面效应将是显著的
框架 C：输出、输入方法（废弃物管理通过现有和新程序和设施的组合形式）	■ 在滨水复兴地区产生的废弃物采用如下方法进行管理：现有和新程序、设置在滨水复兴地区当地或其他地方的设施。废弃物的处理在滨水复兴地区以外进行	■ 滨水复兴地区设施短缺可能降低废弃物的处理量。因多伦多市的其他地区会产生废弃物，新的设施应该设计成具有更大处理这些固体垃圾的能力。从长远来看，目标应是可持续和集成的	■ 如果转移目标无法实现，将出现累计效应，而来自滨水复兴地区的废弃物将被运输和处理 ■ 在高转移情况下，才会出现积极的积累效应

废弃物管理和环境原则。

1. 框架 A

这种特殊的选择是一种被动式的废弃物管理框架，它借鉴的是其他城市的方法，对于那些废弃物转移低于 100% 的地方，这种框架将导致处理量的增加。

这种废弃物管理框架的一个风险是：由于滨水复兴地区废弃物管理优化遵循的是多伦多市其他地方的计划，面对这座城市巨大的废弃物管理挑战，无法与滨水复兴地区的先进性相匹配。如果没有新的废弃物管理方法到位的话，改变滨水复兴地区居民行为将相当困难。

2. 框架 B

这是一个更加激进的废弃物管理框架，在这种框架下，滨水复兴地区所有产生的废弃物都就地管理。只有废弃物实现了 100% 的转移，该框架才可行，但在有些情况下，残余垃圾的处理将采用新兴的技术来完成。就地处理会有一些技术挑战，主要阻力还是来自社会和政策方面。

从环境方面看，采取就地管理的好处是极其显著的，因为首先可以避免废弃物管理带来的大量交通问题，传统废弃物管理造成的影响主要是长距离大量垃圾的运输。在滨水复兴地区通过当地废弃物处理设施，就地解决大量的需要处理和管理的残余废弃物，可以有效减缓这种的影响。更要认识到，就地废弃物管理在提高废弃物转移的过程中发挥重要的作用。

在这种框架下，环境和经济因素都可以证明，将废弃物从这座城市的其他地方运至滨水复兴地区的相对重要性，在滨水复兴地区的有机废弃物处理设施可以处理来自多伦多的大量有机废弃物。

还要认识到滨水复兴地区的废弃物处理设施的协同性是一个重要因素，这个废弃物处理设施的位置应该靠近可从废弃物中提取沼气、肥料以

及回收利用材料的资源市场，或利用靠近市中心的未开发的土地。

3. 框架 C

框架 C 是框架 B 的妥协方案，滨水复兴地区产生的不可转化的废弃物需要在其他管辖范围内处理。尽管如此，与将废弃物转移出去以降低对环境的影响相比，该方案的废弃物转移将达到最大化。

像在框架 B 中提及的那样，残余的负面影响可通过来自城市其他地方输入的废弃物（如有机废物）来抵消。在某些情况下，还能降低对多伦多市环境的总体影响。总的来说，这种框架方案在废弃物处理的有效性与实施困难之间提供了一种可接受的平衡。

四、滨水环境评估程序和公共咨询

多伦多滨水复兴地区项目的报告《我们的多伦多——通往全新加拿大的入口》指出，当地需要实用、高效的环境评估和审批系统。如何适当开展环境评估和公众商议程序，既可以符合适用的法律，又能够确保滨水区的开发程序、方式能实现可持续发展，是各方当前需要解决的问题。

（一）滨水环境评估程序

多伦多政府于 2001 年 6 月出台了一个名为多伦多滨水复兴地区环境评估程序（7.0 版）。

这一程序的首要目的之一，是在战略或区域（滨水）层面上进行尽可能多的规划和记录，并在个别项目层面上促进规划和考虑备选方案，使工作的总和达到或超过环境评估的要求和联邦与省级的环境评估法规。这一程序还旨在实现成本和时间的减少，并在规划和审批过程的早期阶段，确保作出与整体海滨基础设施的环保性能相关的明确的政策决定。图 2-12 提供了程序概念图。

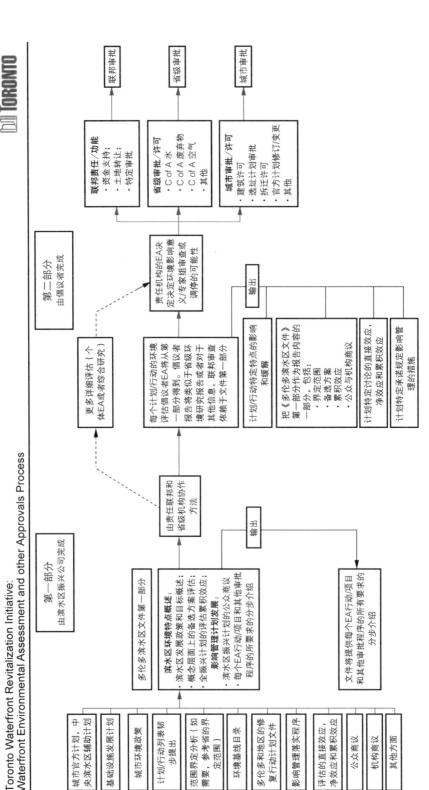

图 2-12　滨水区合作环境评估模型概念图及滨水区环境评估和其他审批程序

上述两个部分的模型通过环境评估、滨水区合作环境评估程序，既遵守联邦和省级环境评估立法，同时满足及时审批的要求。

第一部分将把区域环境背景归到所有的滨水复兴项目上，提供了各项目的策划和开发时应考虑的环境特征的详细说明，包括评估替代部门（例如，运输/过境、水和污水、能源）和滨水区域基点。

第一部分的特定功能包括区域收集的基础环境信息，区域影响管理计划的初步发展（例如渔业生境缓解/管理）和区域累积效应评估。模型的第二部分为程序和文件提供项目具体环境评估，以遵守联邦和省级立法。细查模型已被修改，它的内容要素被纳入了多伦多滨水复兴公司环境审批框架中。

审查程序也制定了公共商议协调计划以支持滨水区振兴，包括多伦多三级政府的四个优先项目。结合最终的"筑波行动"辅助计划、多伦多滨水复兴公司经营策略和发展计划，合并滨水区规划和环境评估方面的这些要点，实现重大公共舆论支持滨水区基础设施的建设和发展。

（二）公共咨询

2001年3月，多伦多三级政府从2000年11月承诺的15亿美元资金中，向下列优先项目划拨了3亿美元：

① 前门大街延长部分和加德纳交汇处：前门大街从巴瑟斯特街延长到达芬街；

② 联合车站地铁第二平台：扩大联合车站的地铁站台和客运走廊；

③ 港口土地准备修复：港口土地的环境清理；

④ 顿河下游环境评估，自然化的功能设计和防洪工作，修复顿河河口。

一般情况下，滨水区的复兴将涉及的项目包括但不限于：新住宅区、公园、商业空间、运输和交通基础设施、水和废水基础设施、能源和电信基础设施、轻工业，以及修复被污染的土地。在其审查和发展合作环境评估模型中，细查模型程序确定了需要进行的战略协调内容并明确需在项目上征询公众意见。三级政府部门发布的四个优先项目，经过公众商议后，决定充分发展这一计划。工程和紧急服务人员在征询滨水区秘书处同意后，拟定了一份关于多伦多滨水区振兴协调公共商议计划书（2002年5月）。

协调公共商议计划反映了公民参与的四项主要原则。这四项主要原则已在多伦多市被采用，包括协同决策、可及性、不断提高公民参与性和社区能力建设。公众商议规划分为两个层次：跨所有滨水区项目的公众商议协调工作和与每个单独项目的股东进行协商。

2003年，随着多伦多三级政府部门技术研究发展到一定阶段，包括细致审查、多伦多滨水复兴公司经营策略的制定、发展计划的完成，以及"筑波行动"辅助计划的最后完成。滨水区合作环境评估程序的变化已被修改并纳入多伦多滨水复兴公司环境审批框架，和协调公众商议的程序发展一起成为滨水区规划和环境评估方面的关键要素。这些程序的融合和如何促进社会共识和支持的说明，如图2-13所示。

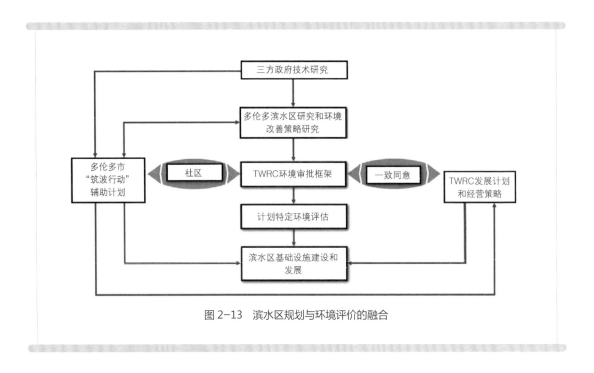

图 2-13　滨水区规划与环境评价的融合

第三章

绿色建筑单体实践案例

| 第一节 | 列治文速滑馆

位于加拿大卑诗省列治文速滑馆（图 3-1）是 2010 年冬奥会最令人瞩目的场馆之一，它独特的巨大木质波浪形屋顶外形吸引了很多眼球。更让人惊叹的是，这一世界顶级场馆，也是有史以来最大的速滑场馆，但每平方米造价却只有 60 欧元。它的大跨度木结构屋顶是具有里程碑意义的现代木结构工程应用范例，向世界展示了加拿大卑诗省优秀的木产品以及先进的木结构工程技术。该项目在一个全球建筑设计大奖评选中击败北京鸟巢，荣膺全球最佳体育馆设计奖，并获得 LEED 认证银奖。

列治文速滑馆竣工于 2008 年 12 月，总建筑面积达 46 500 m²。它位于菲沙河两岸，坐落于列治文市的西北角，横跨流经温哥华国际机场的菲沙河，并与列治文市中心近在咫尺。附近菲沙河波浪起伏的流水与栖息于河口野生的雀鸟激发了设计师们的灵感，产生了"流动、飞翔、融合"的设计理念，这种精巧的"波浪元素与直线元素"的混合形式体现出自然与城市的融汇。该

建筑共有三层：一层为地下车库，二层是包括入口、流通、服务和各种设施的地面层，三层为巨型拱顶体育馆。比赛期间，整个场馆内设计有 400 m 光滑洁白的速滑赛道，有大约 8 000 个观众座席以及有线电视的摄像机和升级的照明设施。馆内还设置有设施配备齐全的运动医疗区、健康中心、活动中心、一个大型的健身中心以及零售中心和食品供应区。列治文速滑馆实景见图 3-2。

一、独特的建筑构造

该建筑较低的两个楼层是混凝土现场浇注而成的。倾斜的大型混凝土底座伸展穿过楼层，从两端托起拱形屋顶。主要拱形体相距 14.3 m，它们主要是由双层胶合木彼此通过钢桁架以一定的角度互相接合而成。这些拱形体通过其三角形截面不仅隐藏掉了该栋建筑的机械和电气设施，并且支撑着 452 块"木浪"板。在整个设计阶段，曾有两种屋顶设计方案：一个是创新型的但未经测试的"木浪"系统；另一个是常规的胶合檩条

图 3-1

图 3-2a

图 3-2b

图 3-2c

加钢板系统。两种方案都采用了钢木混合的曲梁来横跨宽度约为 100 m 的大厅。尽管客户和设计团队都更加青睐木材，但设计团队为了确认"木浪"系统的性能，又进行了相关的研究和广泛的试验，涉及方面包括测试其结构强度、吸声效果、建筑风格、可持续性、施工可行性、照明效果、

消防安全、维护性和耐久性等。经过这些研究后发现"木浪"系统符合所有的物理性能标准并且具有更优越的吸声性能，足以替代常规的穿孔金属板。美观的"木浪"还有其他优势——精巧的木质天花板展现出温暖优美的外观，同时巧妙地隐藏了屋顶喷淋系统。

　　建筑的主体结构必须要达到建筑防火要求，屋顶的装配只允许使用重型木结构构件。"木浪"系统使用的规格材构件要小于传统的重型木结构构件（图 3-3），在经过火灾模拟试验后，结果终于证明其符合建筑设计防火规范要求。这主要是

図 3-1　列治文速滑馆夜景图
　　　　图片来源: www.3vsheji.cn
图 3-2　列治文速滑馆实景图
　　　　图片来源: www.3vsheji.cn

由于"木浪"系统具有重叠的结构、大型的体积以及建筑物开阔的主体空间。

除了"木浪"系统外，与屋顶相连的两侧大面积的玻璃设置也很合理，可让室内空间最大程度地采撷自然光。复合的地面设计使得这个场馆还能举办速滑之外的运动项目。

图 3-3　列治文速滑馆"木浪"施工阶段
图 3-4　木结构曲梁细部构造
图 3-5　木材表面的生物
图 3-6　速滑馆"木浪式"屋架木结构曲梁实景
图 3-7　屋顶雨水收集排放至周边湿地
图 3-8　建筑周边湿地环境

二、木材的利用及其可持续性

该速滑馆的设计符合先进的高性能建筑标准。建筑本身的设计获得 LEED 认证银奖，符合"绿色地球"标准要求。实木锯材是目前能耗最小并且污染最少的建筑材料。但是，在创造出"木浪"系统之前，人们对于在大跨度的大型建筑中使用轻型木结构框架曾深表怀疑。

受到森林甲虫影响的锯材产自卑诗省的森林和锯木厂，使用这些木材具有特殊的意义：气候变化导致了森林甲虫灾害，这些受灾木材运用到建筑上，在其生命周期内，可以持续将碳储存其中，延迟将二氧化碳（温室气体的主要成分之一）释放到大气中。但是如果把木材扔弃在森林里任其腐烂，那么二氧化碳会很快被释放出来。速滑馆的屋顶作为先例，积极地采用这种受虫灾的木材，减轻了气候变化导致的这一负面影响。用于速滑馆的木材共存储了约 2 900 t 二氧化碳。此外，据预计正是由于使用

了木材而非其他温室气体密集型材料，从而减少了约 5 900 t 二氧化碳的排放，也就是说总的潜在负碳效益为 8 800 t 二氧化碳。这一数据相当于 1 600 辆汽车一年的排放量或相当于 800 户家庭一年的能耗。木材在取材和加工过程中的耗能要少于其他材料，故而使用木材来建造房屋其耗能不仅更少，同时还具有很好的耐久性。如果能减少化石能源的使用，就可以大幅减少温室气体的排放。

除了使用卑诗省森林采伐的木材外，木制天花板和镶板更是就地取材，使用了施工现场的树木，减少了运输的能耗（图 3-4—图 3-6）。

三、屋顶雨水收集

屋顶雨水收集在设计上也独具匠心，颇似中国古典建筑的排水方法。屋顶雨水不是通过雨水管等现代工业产品排放的，而是通过地面凹槽自然排放到周边湿地中（图 3-7—图 3-10）。

图 3-4

图 3-5

图 3-6a

图 3-6b

图 3-6c

图 3-7

图 3-8

图 3-9

图 3-10

四、场馆后期的改造利用

从 1988 年加拿大卡尔加里冬奥会开始，所有冬奥会短道速滑场馆（除 1992 年法国阿尔贝维尔场馆外）都有很大的室内空间。场馆的建设目的比较单一：举办冬奥会短道速滑比赛。因此，根据往届赛事场馆经验，场馆的建设面临来自赛后收益和运营效果方面的重大挑战。考虑到经济效益因素，室内场馆的设计任务是可以在赛后再次用于其他目的。

冬奥会结束后，列治文速滑馆随即转变成适合各种运动的多用途运动馆。主体育馆改成室内活动区域，它被分成三部分：冰上运动场、球类运动场和田径运动场。

冰上运动场设有两个室内溜冰场。球类运动场采用了硬木地板和橡胶结合的地面，适用于举办各种体育活动。田径运动场的表面则铺了一层橡胶草皮，可用作室内跑道和其他运动。整个空间可根据不同的配置要求进行变化以满足不同需求，从而使得设施适合于各种冰上或地面运动，包括临时改建场地以用于主要的短道速滑和长道速滑比赛（图 3-11）。

列治文速滑馆项目启动之初，列治文市及项目设计团队对项目的期望是创造一个独一无二

图 3-9　室外地面排水凹槽
图 3-10　混凝土柱与排水构造结合
图 3-11　列治文速滑馆后期利用

图 3-11a

图 3-11b

图 3-11c

的"坐落于城市中心海岸,集运动与健身于一体的国际聚集中心"。然而列治文速滑馆所做到的远远不止于此,其举世无双的木结构屋顶使其成为了 2010 年冬季奥运会最受瞩目的建筑。

与此同时,新颖的木结构屋顶设计及其在如此规模的建筑物上的应用也是空前绝后,使其在当代木材设计和木材制造行业的世界级舞台上大放异彩。

| 第二节 | UBC 大学研究中心

位于加拿大温哥华的 UBC 大学（图 3-12）是加拿大大学中第一个实施可持续发展政策，并建立了校园可持续发展办公室的大学；是"可持续发展捐助机构"评出的"大学可持续发展报告卡"中得分最高的学校之一；是加拿大第一个宣布达到《京都议定书》排放标准的大学；是世界上最具可持续发展的大学校园之一。

UBC 大学可持续发展研究中心（CRIS）（图 3-13、图 3-14）是推进可持续建筑设计的研究机构，也是 UBC 大学"生态实验室"计划扶持的重点项目之一。该研究中心致力于绿色建筑设计与运营、环境政策以及社区参与等研究工作。可持续发展研究中心所在大楼是学校为实现大学可持续发展科研和实践一体化目标而推出的四大标志性项目之一，旨在为城市可持续发展面临的问题和挑战提供解决方案。UBC 大学可持续发展研究中心大楼由加拿大华人联合总会执行会长张雷捐建，是北美地区领先的绿色环保建筑项目。

研究中心大楼由 Perkins+Will 与 UBC 联合设计，建筑高 4 层，总面积为 5 675 m²，设有视觉化城市规划实验室、阶梯教室、绿色有机食品区、现代绿色发展礼堂、室内环境和建筑仿真软件实验室等功能空间（图 3-15）。

该项目在建设前期便确立了很高的目标，即绝不满足于"负面环境影响较低"或"节能效率较高"等建筑目标，而是力争成为该所大学首个 LEED 铂金级项目，并获得"生态建筑挑战"标准的肯定，成为其他项目的新标杆。现在该项目已获得并超越了 LEED 铂金级认证，"生态建筑挑战"的认证正在顺利进行中。

图 3-12 加拿大温哥华 UBC 大学
图片来源：www.ubc.cn

该中心在建设时突破了建筑工艺的限制，在实现零排放的同时，极大降低了建材、能源和水的用量。整栋建筑绝大部分的供电、照明、供暖以及全部的供水、废水处理、通风和制冷的能源均源自于太阳能、风能和地热能。建筑外墙和屋面分别采用垂直绿化和屋顶绿化，并使用循环水灌溉。建筑内布有 3 000 多个传感器，以实现建筑运营的智能化。中心大楼不仅实现了自身的零能耗，同时还将多余的能源提供给校园内的其他建筑。

一、能源

该项目最为重要的目标之一是实现净零能耗，即实际能源生成量等于或大于能源消耗量。为达到这一目的，该项目在能源的供应端和需求端分别采用了多项技术，如可再生能源利用、高效节能的建筑外围护结构、用户个体分区控制和节能设备等措施，并综合运用多个系统来服务于建筑的不同需要，以实现高效用能。

1. 可再生能源利用

项目在中庭的顶部和建筑外窗中部布置了太阳能光伏电池板（图 3-16），转化太阳能为电能为建筑供电，同时又实现了建筑遮阳的目的。此外，项目还采用了太阳能热水系统来满足部分热水的供应。

通过可再生能源的利用，可持续发展研究中心不仅满足了自身的能耗需要，还能为毗邻建筑供应能源，每年可为整个校区节电 1×10^6 kW·h 以上。

2. 热回收利用系统

项目采用热回收系统，收集来自于邻楼（地球与海洋科学研究楼）通风罩的废热，继而将所收集的热能输送到研究中心以提高热泵系统的运行效率。

同时，本项目还收集建筑系统排放的废热对生活热水进行预加热处理。

3. 高效冷热源与节能末端

研究中心采用地源热泵系统为建筑提供制冷

图 3-13

图 3-14a

图 3-14b

图 3-15a

图 3-15b

图 3-16a

图 3-16b

图 3-13　UBC 大学可持续发展研究中心大楼全貌
　　　　图片来源：cirs.ubc.cn
图 3-14　研究中心大楼立面
图 3-15　建筑室内实景
图 3-16　屋面光伏系统的实物布置图

和采暖所需的冷量和热量，且采用辐射楼板和置换通风系统等节能性能较好的冷热源末端形式和送风方式为研究中心制冷采暖，以降低冷热源的负荷，达到减少电力需求和消耗的目的。

此外，该项目开展不间断的用能分析，研究用户行为对建筑系统能耗和使用效率的影响，从而优化建筑运营情况。

二、被动式设计

为达到进一步削减建筑能耗和提高室内舒适性的目的，结合项目自身特点，充分运用了被动式设计策略。

1. 立面的垂直绿化和遮阳

该项目的建筑立面采用玻璃幕墙结构，有效地保证了建筑的自然采光；同时也考虑了通过合理的立面遮阳来削减大面积开窗引起的夏季太阳辐射的热增加和眩光问题。在建筑物的南侧外立面采用了折线形的绿化布置。绿化植物采用三角形模块化的形式，既可以解决遮阳问题，也不影响室内的自然采光，同时局部开孔给自然通风创造条件。这种巧妙的设计手法丰富了立面造型，也提供了较为舒适的建筑室内环境。此外，外挂式空间绿化与屋面的雨水收集系统集成起来，既可以满足植物的灌溉，也可以将种植槽中多余水量通过管道统一收集到建筑物内蓄水池中（图3-17）。

2. 自然采光的改善

大跨度报告厅为木结构，在报告厅两侧走道的顶部均设置了采光天窗以改善报告厅内部的采光。通过顶部自然采光和人工照明的有机结合，可以有效地增加室内的自然采光并降低人工照明的能耗，见图 3-18。

三、雨水

雨水回用设计意在实现水源方面的完全独立自足。建筑内的所有用水均由建筑屋顶收集的雨水进行供给。通过简单的系统，将屋顶雨水收集起来，然后贮存在地下蓄水箱内。雨水经过过滤消毒处理后分配到建筑各部分，见图 3-19。

温哥华每年 9 月底至次年 6 月初的降雨量为中到大，6 月底至 9 月初则近乎干旱。值得庆幸的是，年降雨量最低的时节正好和学校师生教职工在校人数最少的时间大致吻合。为了

图 3-17a

图 3-17b

图 3-20

图 3-19a

图 3-19b

在 6 月底至 9 月初提供充足的用水，需要在全年其他时间收集和储存大量的雨水。温哥华的年降雨量约为 1 226 mm。建筑屋顶收集雨水区域为 1 000 m²，这样一来，全年收集的雨水量可达到 1 226 000 L。建筑内用水平均需求量估计为 2 000 L/d。水需求包含各种用途，比如：水槽、淋浴、餐厅（饮料、烹调、清洁）、保洁服务和建筑维修保养，等等。除了这些水需求量之外，由于建筑采用了大量木材，还需要始终留有 57 000 L 水供给消防系统。因此，建筑地下设置一个 100 m³ 的储水箱，专门储存采集到的雨水。

四、中水

用于研究中心的所有中水全部来自于建筑本身和校园的污水系统，经过处理再利用到建筑内部。项目采用太阳能——水生植物系统（Solar Aquatic System）来产出洁净水。工作流程为：

图 3-17　外立面空间绿化实景
图 3-18　报告厅内部实景
图 3-19　室外透水地面
图 3-20　污水及中水处理机房

从建筑的卫生洁具收集废水，然后再将处理过的水用于冲厕和景观灌溉。

该系统位于建筑西南角的独立玻璃房内（图 3-20）。从可持续街、西部商场和人行步道均能清楚地看到这一设备用房，它成为研究中心可持续方面匠心独具的一大亮点。

该建筑是将可持续发展研究、教学、实践和科普等相结合的一件极富创意的"产品"。首先，建设过程就是对研究成果的应用和不断探索、检验的过程。其次，研究人员的进驻又使之成为了兼具实用功能和实验室的"最绿色建筑"。在这里，研究人员把自己与楼内设施及空间的互动展开进一步研究，不断完善建筑性能，以使入住者幸福感、健康和工作效率最大化。第三，对公众开放，使该中心成为了活生生的科普教材，增强了人们的环保意识和对可持续发展观念的理解。第四，这栋北美"最绿色建筑"本身也是对温哥华这座世界最宜居城市的展示和贡献。

这栋"最绿色建筑"无疑起到了一举多得的成效，该校的做法为大学教育引领科技和社会的发展提供了值得借鉴的榜样。

图 3-18a

图 3-18b

| 第三节 | River Green

River Green 项目是一个充满活力、超大规模与超高端配套的五星级豪华社区，项目位于大温地区列治文市的中心区域。

列治文市政府对未来可持续城市的发展充满信心，计划重点改造菲沙河畔的地貌，从而提升该区域的形象与地位。River Green 正位于这一规划区域的中心，与温哥华市仅一水之隔，它不仅距离温哥华国际机场只有数分钟车程，还可以直达大温地区各个城市，驱车往南更能抵达美国边境，毋庸置疑是大温地区中心的中心（图3-21—图3-22）。

自 2010 年冬季奥运会后，列治文的黄金地

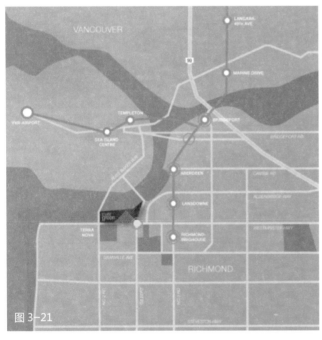

图 3-21

图 3-22

 公园　　○ 列治文中心区域交通　　● 加拿大线　　免费穿梭巴士

图 3-21　River Green 区位及周边轨道交通布局图
　　　　　图片来源：www.realfinder.com
图 3-22　项目一期开发总平面图
　　　　　图片来源：www.realfinder.com
图 3-23　River Green 项目总体布局及可持续性设计
　　　　　图片来源：www.rivergreen.com

段被大力发展，将该区域的形象与地位提升至一个崭新的层次，River Green 从而成为温哥华现代高端生活的典范。

River Green 社区从滨水建筑到河堤布道，从社区中心到健康生活，从酝酿整体社区的大方案，到刻画每一间房的小细节，开发商 Aspac 公司对每一个细节都经过了反复考量和精心筹划。

River Green 业主信步而行，可直达北美最完善的综合性社区中心——列治文冬奥速滑馆，除了可以使用速滑馆世界级水准的运动设施、体验最先进的康体休闲设施，还可以享受社区中心多样化的文娱课程及儿童项目，并享用多个多功能会议厅来进行商贸活动。

社区的总体布局及可持续性设计见图 3-23。

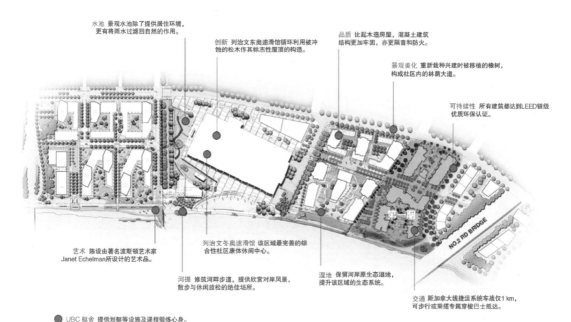

（a）总平面图

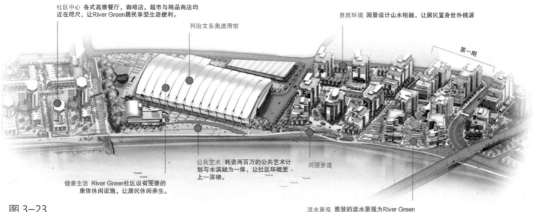

图 3-23

（b）概念效果图

River Green 项目在单体建筑设计中采用高楼层和广阔落地窗设计，让住户饱览北岸群山和菲沙河的美丽景致（图 3-24—图 3-25）。而先进的照明与温度调节系统，亦为住户提供最大限度的采光与宁静舒适的生活环境。设计团队还从世界各地选择最好的设计、最好的材料和最好的施工质量，因此无论时隔多久，所建物业总能历久弥新。

项目室内布局和装饰采用欧式风格，所有户

图 3-24a

图 3-24b

型的装修材料和家电都来自欧洲顶级名牌，很多名品为大温地区首次引进。量身定做的意大利设计师品牌 Snaidero Orange 系列橱柜是实用与典雅的完美结合，德国 Miele 的高端家庭电器则以其优美曲线无瑕搭配其中。浴室内每个单位都配备了独特的 L'O di Giotto 梳妆组合以及来自 Hansgrohe 等的卫浴设备，使 River Green 成为实至名归的豪宅（图 3-26）。

图 3-24 River Green 一期项目的南侧与西侧
图 3-25 建筑设计中的"冷巷"和亲水阳台
图 3-26 River Green 一期项目公寓主要户型
图片来源：scvanhome.com

图 3-25a　　　　　　图 3-25b　　　　　　图 3-25c

图 3-26a　　　　　　图 3-26b

| 第四节 | 加拿大林业中心实验室

在温哥华，几乎所有的房子的建材都会采用木头。木质结构远比想象的更好，它不仅来自可再生资源，在坚固程度上可以与钢材相媲美，而且在抗震、防腐上还有自己的优势。加拿大同行认为"木质建材可再生、可循环利用、无污染所带来的环保意义是无法用经济成本来估量的"。目前加拿大政府已经建立起一套森林管理的政府架构，加拿大的木材都是经过认证的合法木材。我们有幸参观了加拿大林业中心实验室，见图3-27—图3-28。

加拿大林业中心实验室整体建筑较为注重自然采光，连廊部分采用全通透的玻璃屋顶，接待区采用了双层透光屋面，工作区屋脊顶部局部设置了透光屋面（图3-29）。同时从图中也可看出，木结构的节点相对简单，大多采用钢结构锚栓连接，形式多样，但美观性不足。

木材本身的难导热性以及木结构墙体特有的中空填充保温棉结构使其在北方等寒冷地区保温性能尤其突出。根据清华大学最近的一份研究报告指出：在中国北方地区，如果采用现代木结构房屋，热能量大约比钢结构房屋低9.43%，比水泥结构房屋低10.92%。轻型木结构自重轻，结构特性属于柔性结构，有一定范围的变形能力，结构可以通过自身的变形来消耗能量，

提高整体安全性。当发生地震时，轻型木结构会体现出良好的"以柔克刚"的抗震性能。现代木结构施工速度迅速，房屋构件可在工厂预制，有利于质量监控和降低成本。现代木结构所用的结构建材从砍伐到加工、运输、安装整个过程所消耗的能量远远小于同样过程的钢材和水泥结构建筑。现代木结构建筑对空气污染更少，生产过程能少消耗三分之一的水。此外由于天然木材产品不含有挥发性致癌物质，也没有任何辐射，现代木结构房屋能带来更健康的居住环境。因此，与轻钢结构、钢筋混凝土结构建筑相比，轻型木结构对环境的影响是最小的，是真正意义上的绿色建筑。

众所周知，加拿大森林资源丰富，所以木质建材发展有良好的资源支持。但是相比之下，中国森林资源匮乏，中国在木质建材利用上还存在较大的瓶颈，特别是在土地高效利用政策主导的当下，如何合理利用木结构、轻木结构，值得我们进一步思考与探索。

图 3-27　在加拿大林业中心实验室参观与交流
图 3-28　加拿大林业中心实验室入口
图 3-29　加拿大林业中心实验室木结构节点构造

图 3-27

图 3-28

图 3-29a

图 3-29b

图 3-29c

│第五节│　北温哥华市民中心改建项目（NVCC 项目）

北温哥华市市民中心最初建造于 1975 年，于 1997 年扩建。随着北温哥华市扩大发展，为了满足日益发展的社区服务需求，此次改建项目主要是为了增加员工的办公场地。在项目进行期间，市民中心将继续对外开放，为北温市民提供服务。

现有的北岸市民中心大楼可以从 13 号街或市民广场进入，市民中心由两幢主楼和一条外部的南北走廊连接组成。两幢楼都不面向街道，市民从广场进入需要走过几级台阶或者从 13 号街绕过绿化带，然后通过一条狭长的外部通道，才

能找到那个不那么明显的主门（图 3-30）。

NVCC 项目包括：①建造一幢新楼用来连接原有的两幢大楼；②原有大楼进行装修、扩建；③部分重建；④新、旧大楼的和谐连接。大楼走廊西侧聚集了城市主要服务的窗口；走廊东侧之前是图书馆，2005 年调整之后一直空置着。

40 名城市行政管理者希望：①能将社区服务区域扩大到空置的东侧；②建造一条内街来连接被隔断的两幢大楼，并且贯通广场和 13 号街；③建造一个更明显突出的主入口，见图 3-31、图 3-32。

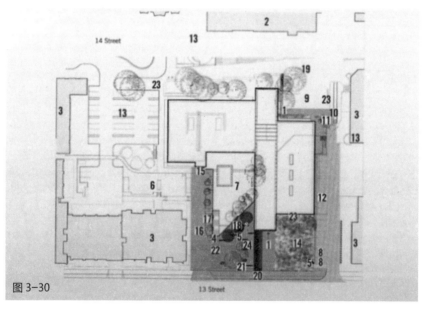

图 3-30

1—无障碍入口；2—新图书馆；3—既有和计划新建的住宅和商业开发项目；4—带门禁的屋顶平台入口；5—水泥长凳及树脂座椅、低等级照明；6—半开放式公园；7—经过中心布置和装修的顶楼平台；8—无障碍公共停车场；9—既有广场；10—既有的斜坡；11—既有的台阶；12—职工停车场；13—公共停车场；14—人行步道；15—配有垃圾收集装置的后勤场地入口；16—装货车道；17—未来的社会车辆停车场；18—从顶楼平台移植来的日本枫树；19—既有的"知识树"橡树和木质平台；20—具有雨水收集功能的雕塑；21—既有的橡树；22—载货卡车的掉头车道；23—公共自行车道；24—装饰用鹅卵石

新的连接中心，也就是中庭，向原有两幢大楼开放，形成一个具有活力的中转站。中庭里有新的接待处、会议室、展览区域和今后可提供更多社区服务的弹性空间。由于林业对社区起初发展的重要性，市政府认为木材是此次扩大重建项目最好的材料。选择木材还可以降低碳排放，支持可持续发展的政策，继而达到气候行动计划所制定的目标。除了材料的选择，政府希望能够改善之前大楼给人的疏远感，能够像本届政府一样给人以平易近人的感觉。

由于选择了木结构、木墙以及木制吊顶，中庭看起来很纯净；将机电设备整合布置使得整个空间非常整洁；增加自然采光，全尺寸的落地窗一直延伸到西端，天窗直至东端，中庭中央则安置了一扇齐宽天窗使室内充满了日照。东端经过声学处理的吊顶和新的天窗使得光照从屋顶顺利蔓延到室内。与邻楼共享一面墙体，也有助于从高层较高的中庭空间过渡到相接壤的办公空间。

图 3-31

图 3-32

图 3-30　北温市民中心总平面图
图 3-31　市民中心出入口
图 3-32　出口自行车停放架和雨水收集池

沿着 13 号街走，就能看到 NVCC。中庭的 2 楼体块向街道推进，沿街全玻璃墙面着实打开了市民中心的内部空间。它使入口处形成了一个门廊。来访者进入门廊，沿着楼梯和暗色墙壁就可以走到摩登现代感的主层。中庭有着充足的自然采光，明亮、通风，因为没有机械管道或者其它干扰天花板的排线，中庭吊顶线条简洁干净。所有的系统都与木结构设计元素整合。屋顶下侧暴露出来的木结构构件一直延续到中庭墙体以及与东楼的连接处，形成了中庭与办公楼的完美连接（图 3-33、图 3-34）。

一、项目设计

该项目的建筑设计由 Michael Green Architecture Inc. 公司承担。在加拿大很少有综合体的项目不仅需要建造新楼，同时又要翻新两幢旧楼，并且要兼顾整体性。由于市民中心在整个装修期间仍然对外开放办公，NVCC 项目的设计与建造团队（Stuart Olson Dominion Contractors Ltd.）将可能碰到的挑战和困难一一列出来，并制订了共同认可的设计方针：将项目建设分成不同阶段，将干扰降到最低，给在市民中心内办公的员工一个安全舒适的环境，同时访问者也能在施工期间进入市民中心。

建筑设计中将木屋顶与吊顶创新作为设计的基础，将所有服务设备整合隐藏于吊顶之内，使整个空间保持整洁明朗；设计师将整个空间和木结构部分暴露出来，既节省时间也节省资金，同时也是为了获得充足的自然采光和通风而考虑。设计时考虑从中庭可以看到或者走到所有的主要部门，从 13 号街主入口进来可以一目了然地了解大楼的功能分布。

由 13 号街入口至南端的中庭空间是两层结构，而由市民广场入口至北端的中庭为一层结构。中庭区域采用了轻型建筑结构系统。Equilibrium 咨询公司的结构工程团队设计了一个创新的预制积成材面板系统作为 67 m 长的中庭的屋顶结构。该结构系统横跨原有的两个建筑物之间 9.75 m 的距离，且不需要其他直接的支撑。屋顶结构室内面暴露在外成为天花板（图 3-35）。

LSL 屋顶面板由钢筋混凝土墙、轻型木结构框架支撑，或者架在胶合柱上使用木材连接技术和用机械紧固件加固。建筑南端的平行混凝土剪

图 3-33　中庭室内全景
图 3-34　中庭的屋顶自然采光
图 3-35　中庭空间之市民接待处
图 3-36　中庭轻木结构布置实景

图 3-33

图 3-34

力墙为中庭提供了南北向的横向支撑力。西面剪力墙以其厚重的基础结构和深层土壤锚来支撑整层钢墙桁架，并由此延展，筑成 13 m 长的悬臂。剪力墙以及墙面桁架支撑着上层悬臂内整个会议室，而整个会议室面向由 13 号街入口的中庭。

　　标准轻型木结构墙体支撑屋顶板，为天窗北端提供了南北向的横向支撑力。中庭的中央部分屋顶板由距离中心处 1.8 m 的 130 mm×457 mm 胶合柱列支撑。原有两幢

楼连接处的混凝土结构支撑这些柱子，由此可以通向中庭。胶合柱列构成的屋顶板系统不需要增加支撑梁。悬臂会议室楼层采用了木材与混凝土结合的创新混合系统，这是北美首次使用这项技术。混合材料楼层由距离中心处 900 mm 的 175 mm×380 mm 的胶合梁支撑（图 3-36）。

　　根据 BC 省建筑规范，NVCC 属于商业和个人服务建筑中的 D 类 B 组，这个两层建筑在安装喷淋灭火系统后其内是可以使用可燃材料的。室

图 3-35

图 3-36

图 3-36

内使用了喷水式喷淋系统，13 号街入口处的室外遮篷则使用了干式灭火喷淋。

二、项目施工

30 个月的整个工期分为两个主要阶段。第一阶段，从原图书馆到东端以及到南端的中庭进行翻新工作，包括建造具有特色的楼梯。这样原市民中心底层东西段连通起来，作为第一阶段主要施工场所。在第二阶段期间，中庭继续施工，上层连接层将重新装修与中庭连接。在这两个主要阶段内，许多抗震升级工作在多处同时进行作业，抗震级别将被提升。

中庭包括三种主要材料：木材、钢铁和混凝土。如何将这些材料相互连接、衬托并不是最大的问题，最大的挑战是 Stuart Oslon Dominion 的施工团队如何将原建筑本来的特性融合到新的中庭结构中去。

中庭的地基、剪力墙和地基坪都在现场浇筑，悬臂会议室和胶合结构（沿着纵轴墙面的胶合柱以及主层支撑梁）都已安装就绪。木材－混凝土复合楼板也已制造完成。同时，东楼的装修工作也在紧锣密鼓的进行之中，为与中庭共享连接墙面而准备。东楼原有的混凝土结构、每层的钻洞工作、为采光开墙、安装天窗以及全新的窗户的工作都已顺利完成。东楼新的办公室隔断以及向北扩展的区域内的隔断都是木框架隔断墙。

一旦屋顶系统的支撑结构和整个中庭的支撑结构完成之后，屋顶，同时也是天花板面板将会被运抵现场。安装是比较简单直接的，小型移动吊车吊入每片面板。每片面板嵌入每根胶合柱深度为 89 mm。每块面板相隔 150 mm，间隔距离与面板底面层的 LSL 木条间隔距离相似，天花板给人以一个整体的感觉。灭火喷淋安装在每块面板间隔中间。

三、室内与室外装修

内墙装饰使用的是 LSL 面板，与屋顶和天花板的尺寸和肌理相呼应。面板之间的空间可以安装机电线路系统。东楼的降噪天花板用 30 mm 厚 ×300 mm 宽的 LSL 木条悬空覆盖在原有的混凝土结构上，每条间隔 150 mm，中庭内的天花板以及墙面也使用了同样的木条。漆红的木质服务台以及询问台也使用的是 LSL 面板。

东楼与新的中庭是通过使用自动操作开启的窗户和天窗实现自然通风，使得室内空气得以流通。

市民中心之窗用锥形箱梁向外悬凸 1.8 m，南北向。窗楣内部结构由 44 mm PSL 肋排架在 600 mm 中心架上。由上到下表面包有 16 mm 外用级道格拉斯冷杉胶合木板。整个箱体梁最后用螺栓连接到主体结构上。

原有的雪松遮阳板被重新加工，改为了现代摩登的露天座椅。从东楼到中庭，外立面使用全新的雪松挂板。挂板的颜色和纹路，时而明亮，时而暗淡，时而显示出横向纹路，时而为纵向纹路；反相板和板条的元素使得外立面与内饰相互呼应（图 3-37）。

图 3-37　中庭外立面实景

四、项目小结

这座被重新定义改造的北温哥华市民中心受到员工和市民的一致好评。宽敞的中庭威严之外不失优雅。NVCC 整体木结构及外立面设计、简约鲜明的线条使得新、老建筑融为一体。

管理者起初只是设想一个不那么严肃的市府大楼，现在他们得到的是一个全新的充满热情的、受人尊敬的并且高效的设施。NVCC 给北温市增添了一道新的风景线。它不仅改头换面，还被赋予了一个全新的生命，让市民受益，让城市受益。

图 3-37

图 3-37

2014 年加拿大绿色建筑获奖项目集

SABMag 是加拿大从事可持续建筑设计信息传播的最著名的杂志媒体之一。加拿大绿色建筑奖由 SABMag 主办，是加拿大最为权威的绿色建筑大奖，每年举办一次，主要用于奖励那些加拿大当地原创设计中最优秀的绿色建筑作品。这些设计都是从加拿大的本土气候出发，设计实践和产品都传递出最佳的建筑性能。

2014 年加拿大绿色建筑获奖项目从众多申请项目中择优选出了 8 个项目，它们是 MEC 商店（Mountain 设备合作社）、范渡森植物园游客中心、Goldcorp 采矿创新宿舍、可持续发展互动研究中心（CIRS）、一个地球 RENO、CANMET 材料技术实验室、杜·博伊斯图书馆和北哥伦比亚大学生物能源工厂。

MEC 商店（Mountain 设备合作社）

一、项目信息

业主：MEC

建筑设计：Prosenium Architecture and Interiors Inc.

总承包商：Ventana Construction Corporation

景观设计：Sharp and Diamond Landscape Architecture Inc.

土木工程：Kerr Wood Leidal Associates Ltd.

机电工程：Pageau Morel and Associates Inc.

结构工程：Fast+Epp Structural Engineers

调试代理：Stantec Consulting

LEED 顾问：Recollective

开发经理：Corin Flood

地质顾问：Geopacific Consultants Ltd.

照片：Bob Matheson Photography/ Randy Sharp, Sharp & Diamond Landscape Architects Inc.

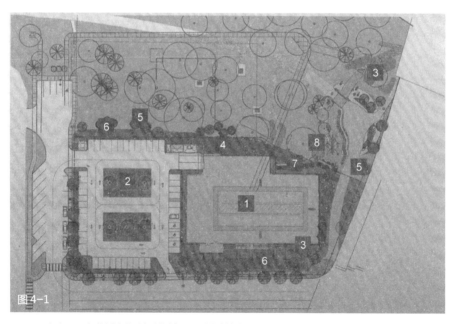

图4-1

1—NEC 商店；2—车载透水性水泥铺路机；3—低洼草地；4—自然景观植物、草和花卉；5—改造既有草地景观；6—雨水花园；7—海滨栈道；8—公共艺术装置

二、评审意见

该建筑形态优美、性能表现卓越。MEC 商店作为零售设施，必须能够吸引顾客眼球并打动他们。该项目设计巧妙地结合了场地的特点，因地制宜地开发，与公园完美地融合。MEC 每开发一个新店，就会成为新标杆（图 4-1）。

三、主要材料

钢结构；隔热玻璃幕墙；混凝土墙板；TPO 屋顶；钢丝网上覆盖绿色植被外立面；Cascadia Window Ltd. 出产的玻璃钢窗户；Forbo 公司的弹性地板（图 4-2）。

四、主要特点

作为一家为各类户外爱好者提供服务的专业组织，MEC 一直致力于将其企业形象与良好的环境管理结合起来。2012 年 MEC 北温哥华店开业，该店采用了一体化的方法实现了可持续发展目标，项目包含修复、重建、新开发项目，与毗邻的公园十分融合。

北温哥华 MEC 店成功地将原先密不透气的场所改造为一个充满活力的商业和娱乐活动场所，已成为当地户外活动爱好者的聚集中心。同时，该店还是可持续发展的一个展示场。项目设计巧妙之处在于打破了常规界限，将零售、公园以及河流生态系统融为一体，因此获得了成功（图 4-3—图 4-6）。

该项目开放式的布局与公园和河流融为一体，丰富和完善了现有零售轴线布局。新店独特的锯齿形的标志性屋顶是被动式设计的一个关键组成部分。与传统零售场所相比，该屋顶

图 4-1　场地平面图
图 4-2　该建筑采用钢木混合结构，墙体和屋顶材料为可拆卸的结构隔热板
图 4-3　室内平面图

图 4-2

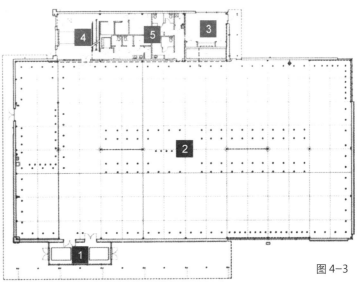

图 4-3

1—主入口；2—零售区域；3—公共会议室；4—装货区域；5—后勤设施 / 储藏空间 / 卫生间 / 职工用房

图 4-4

图 4-5

图 4-6

节能设计与水处理策略大大降低了建筑能耗和用水量。

北温哥华 MEC 店雨水管理系统具备渗透措施和地下储水设施,可自成一体,无需与城市下水道网连通。该项目可实现 100% 雨水疏解,满足 10 年一遇最大暴雨标准,此项目甚至超过了市政 LEED 和渔业、海洋部门对雨水管理的要求(图 4-7)。

建筑机械系统首选被动式方式,依靠太阳能和风能来维持基本的运营。建筑电力采用牛蛙电力,这是加拿大领先的可持续发展能源供应商。

日间室内完全自然采光,日光透过锯齿形屋顶南向玻璃窗照入室内。设备用房采用宽大的通风百叶窗,由大直径、低速率的风扇引入新风,并分送至店内主要楼层的回风口(图 4-8)。

在吊顶空间沿锯齿形屋顶两侧有大型百叶窗可进行排风。根据气象记录或预测的高温天气来触发天然的通风系统和地面散热系统,在热天来临之前全面地为整个建筑降温(图 4-9)。

此项目以 LEED 金奖为目标,重点关注建筑节能、节水、材料、景观和公共出入口。在多数零售店普遍耗能时,北温哥华 MEC 店践行了 MEC 的环保、公共教育、户外娱乐以及管理环境的承诺。

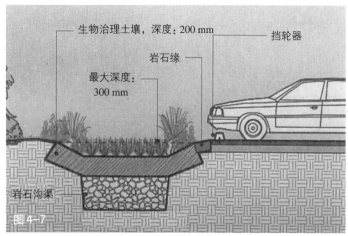

图 4-7

生物治理土壤，深度：200 mm

挡轮器

岩石缘

最大深度：300 mm

岩石沟渠

图 4-8

图 4-4　设计将停车区安置于商店后面，商店坐落于主要街道交叉口，这样就有更多的店面朝向主要街道，从而更好地吸引潜在顾客目光

图 4-5　这个项目罕见地将零售场所与附近的公园以及河流生态系统融为一体

图 4-6　建筑外立面种植了绿色植物，通过蒸发冷却以减少建筑本身的供热需求，收集屋顶雨水用于灌溉墙体植被

图 4-7　典型透水洼地

图 4-8　日间，室内完全采用自然采光，日光透过锯齿形屋顶朝南的天窗照进室内

图 4-9　透过木板路面道路可见大面积的玻璃幕墙，顾客们可以看到建筑能耗性能表现

图 4-9

范渡森植物园游客中心

一、项目信息

业主：Vancoucer Board of Parks and Recreation

建筑设计：Perkins+Will

总承包商：Ledcor Construction

结构工程：Fast+Epp

机电工程：Integral Group [Cobalt Engineering]

土木工程：R.F. Binnie & Associate

规范顾问：B.R. Thorson Ltd.

造价顾问：BTY Group

围护顾问：Morrison Hershfield

景观设计：Sharp & Diamond Landscape Architecture Inc. with Cornelia Hahn Oberlander

照明设计：Total Lighting Solutions

生态顾问：Raincoast Applied Ecology

声学顾问：BKL Consultants

调试代理：KD Engineering

调试权威：KD Engineering Co.

1—到达大厅；2—中庭；3—办公室；4—讲解中心；5—餐饮区；6—志愿者服务；7—服务区；8—装货区；9—大厅；10—弹性空间；11—教室；12—图书馆；13—花园商店；14—户外商店；15—利文斯通广场；16—利文斯通湖滨码头

图4-10

二、评审意见

这是一栋优美的建筑，有着丰富且饶有趣味的空间构造以及材料与构件的创意组合。项目的各项建筑性能指标令人印象深刻，有力证明了其设备系统和其他建筑系统技术和研究方法的有效性。独特的建筑造型与高性能技术实现了完美结合（图 4-10、图 4-11）。

三、主要特点

范渡森植物园距离温哥华市中心 5 km，坐拥 22 hm² 的绿洲，在愈发拥挤的都市环境中得天独厚。园内新建的游客中心设计灵感来自当地的一种兰花，且采用了完整的环境技术——从建筑运营、建筑材料至利用周边的自然生态环境等多方面。

游客中心共 17 000 m²，由小餐厅、图书馆、志愿者服务设施、商店、办公区以及活动的

教室（租赁空间）组成。此项目有望拿到 LEED 白金认证和"生态建筑挑战"（Living Building Challenge，LBC）的认证证书。LBC 有着严格的指标控制要求，包括零能耗、零水耗以及使用当地健康材料。

通过分析园内的生态系统，项目小组将自然系统与人工系统相结合，保持了园内的生物多样性和生态平衡。绿色屋顶和周边景观也经过精心设计，植被斜坡巧妙地连接了屋顶和地面覆盖着当地的植物，形成了独一无二的生态园区（图 4-12）。

绿色屋顶有收集雨水的功能，还能有效控制多余的径流。雨水过滤后储藏于蓄水池内。过滤后的雨水与经过滤的洗涤水一起被用于厕所冲洗。废水全部由现场的生物反应器处理，这是温哥华市的第一个生物反应器，它被放置于游客中心附近的地下，废水经过生物处理后用于花园灌溉或

图 4-11

图 4-10　场地平面图
图 4-11　一片屋顶瓣叶向地面探触，象征着建筑与自然的亲密联系
图 4-12　绿色屋顶通过植被斜坡巧妙地与地面相连

图 4-12

流入其他透水场地（图 4-13）。

游客中心项目安装了 50 个地热井、太阳能光伏和太阳能热水管以生产可再生能源。游客中心通过将多余的热能传送至附近的香榭餐厅，可从电网中得到等量的水力电能。由此，游客中心基本可实现全年零能耗（图 4-14）。

游客中心项目必须避免"红皮书[1]"上对人类健康和环境有害的建材。根据建材重量的不同

来搜索材料，选择不同产地的建材，此外，可再生材料门槛也很高。LBC 对建筑碳中和也提出了要求，加拿大对木材的广泛使用使该项目可以较为容易地达到要求：木材必须是再生的或者经过 FSC 认证[2]。相应地，游客中心项目中木材被广泛使用于板条式屋顶结构、金属饰面、陈设、木制品和墙面饰面。木构件中游离型碳中和了其他建筑材料排放的碳。

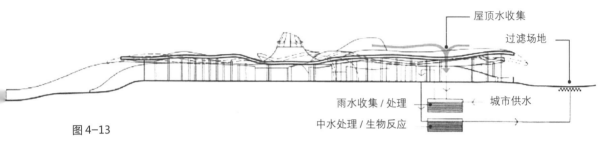

图 4-13

图 4-14

图 4-13　水处理系统剖面图
图 4-14　建筑中心顶部的圆孔既是通风口，也是天窗，还是"日规"
图 4-15　夜空映衬下建筑独特的轮廓

---

① 　红皮书是指美国环保局规定的对人类健康和环境有害的建材名目。
② 　森林管理委员会（FSC）是一个由利益相关者所有的体系，其目的是为了促进负责任的全球森林经营。它为对负责任的森林感兴趣的公司和组织提供标准制定、商标保证、认可服务和市场准入。通过认证的企业有权使用 FSC 标志。

Goldcorp 采矿创新宿舍

一、项目信息

业主：University of Toronto

建筑设计：Baird Sampson Neuert Architects Inc.

结构工程：Blackwell Bowick Partnership Inc.

机电工程：Crossey Engineering Limited

总承包商：Urbacon

调试代理：Hunter Facilities Management Inc.

系统集成：Dr.Ted Kesik

LEED 顾问：BSN Architects

照片：©Terence Tourangeau

图 4-15

二、评审意见

未来城市建筑将更注重建筑适用性再利用。此项目将可持续发展理念与建筑完美诠释有机结合起来，为建筑业开了个好头。被动式通风系统为这栋历史建筑增添了一种雕塑感，学生们在建筑内部可以在显示屏上查看建筑能耗的实时状况（图 4-15）。

三、主要材料

Owens Corning 公司的玻璃纤维隔热材料；

砌筑墙内表面喷涂 25 mm 厚的泡沫保温材料；低甲醛含量的木屑板和室内装饰胶合板；Interface 块状地毯；Forbo 绒（油毡）地板；Nadurra 公司的竹地板；Sherwin Williams 公司的低挥发性油漆。

四、主要特点

多伦多大学市区校园内，建于 1904 年的采矿大楼顶楼的阁楼空间一直闲置着，该改建项目将在此为 100 名工程专业大学生和 24 名研究生提供宿舍空间。如何有效整合既有建筑的外轮廓和结构体系是改造后的新空间和 HVAC[①] 系统成败的关键。隔间体系按照每个开间可容纳 10 名学生的标准布置。

能量模型研究发现该建筑属于"内部负荷"为主导的能耗模式，其主要原因在于较高密度的使用者、通风系统和设备负荷。因此，换气通风和梯度热空气层流可能是整合建筑和环境的一个较为可行的方法，见图 4-16、图 4-17。

在上层屋顶加建部分的南侧和西侧设置热气流缓冲区。南侧的缓冲区作为一个被动式太阳能通风口，加强了宿舍的换气通风功能。

通过选用可防止眩光而又能均衡光线分布的特殊天窗玻璃涂层，可实现有效的日光照明。为获得最佳的天窗规模和分布，设计人员做了日光照明计算机模拟实验。屋顶教室设计了大量的玻璃幕墙以改善阁楼宿舍的观景条件。在北立面，于视线高度布置透明幕墙，可在此纵情观览校园景观。半透明的隔热层间幕墙，使用 R20 气凝胶以加强采光和建筑隔热性能。建筑还使用自动化的"智能百叶窗"控制光线射入，见图 4-18。

墙体是传统建筑的承重结构，冬季热量由室内向室外传递，以减少冻融循环并降低墙体老化。但在节能改造时出现了矛盾。如果在建筑墙体内侧采用"超级隔热"材料，将导致墙体过早老化，但对于历史建筑而言，采用外墙保温也明显不适合。

节能效果和历史遗迹保护的折中方案是在砖墙内部喷涂 25 mm 厚的泡沫保温层，这将成倍提高墙体的热功性能，可以从 R4 提高到 R10，减少室内外空气渗透的同时允许热能透过墙体传导，以保障墙体的温湿性能和耐久性。

屋顶换为带通风洞的板岩屋顶以达到与原有屋顶一样的性能标准。新的屋顶和墙面覆盖层饰面系统采用传统的固定锌接缝，预期使用年限为 50 ~ 70 年。

室内空气处理和电力分配系统沿着建筑外围布置，并根据既有建筑隔间结构进行相应的分区。该项目是历史建筑节能改造的成功之作，先进的可持续发展系统可以在改进建筑能耗的同时，保持重要历史建筑结构的完整性，见图 4-19。

图 4-16　轴测图
图 4-17　光伏建筑一体化的应用保护了屋顶景观的整体性
图 4-18　新的入口和电梯厅
图 4-19　阁楼宿舍空间分配尊重了原有建筑结构开间布置

---

① 　HVAC 是 Heating, Ventilation and Air Conditioning 的英文缩写，就是供热通风与空气调节

图 4-16

图 4-17

图 4-18

图 4-19

可持续发展互动研究中心（CIRS）

一、项目信息

业主：University of British Columbia Sustainability Initiative

建筑设计：Perkins+Will

结构工程：Fast+Epp

机电工程：Stantec

土木工程：Core Group Consultants

地质咨询：Trow Associates Inc.

景观顾问：PWL Partnership

内部设计：Perkins+Will

规范顾问：LMDG Building Code Consultants

外观顾问：Morrison Hershfield Limited

声学顾问：BKL Consultants

视听顾问：MC Squared System Design Group

家具设备：Haworth

施工管理：Heatherbrae Construction

业主代表：UBC Properties Trust

废水顾问：Eco-Tek Ecological Technologies

雨水顾问：NovaTec Consultants

照片：Martin Tessler

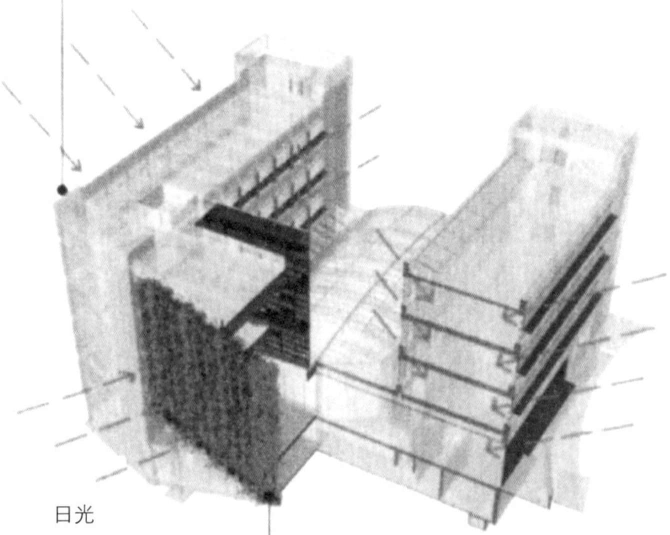

采光所需要的窄楼板允许宽度

日光

在夏季，起居室的墙壁为室内空间遮挡傍晚的阳光；在冬季，起居室的墙壁会放下百叶，来允许日光进入室内空间

图 4-20

图 4-20　设计原理图

图 4-21　充满着自然光的四层楼高的中庭，中庭屋顶铺排着光伏板

二、评审意见

这是一栋标杆性建筑，全面贯彻加拿大绿色建筑策略。基于本项目的规模，业主和设计团队以研究的名义来做这个项目实属冒险。建筑内部看起来温暖、生动有趣而且照明良好，建设初期设定的建筑性能指标足以证明这是一栋高性能的绿色建筑（图 4-20）。

三、主要材料

胶合木结构；砌块和石头；绿化屋顶；外立面垂直绿化；饰面混凝土；块状地毯；活动地板；General Paints 低挥发性油漆；光伏建筑一体化和太阳能集热器；热回收系统收集邻近建筑的废热并传送给热泵。

四、主要特点

可持续发展互动研究中心（CIRS）用户是200 家私营和公共机构的研究者。CIRS 试图搭建一个可持续发展设计和施工可实施方法展示的平台。作为推动变革的催化剂，CIRS 选择实用的、经济的、可复制的结构和环境系统。

这个 5 675 m² 的"生活实验室"（Living Lab）为一栋呈两翼型的四层建筑，中庭连接着建筑两翼（图 4-21），从中庭看过去，可以看到各种可持续发展技术在项目上的应用情况。除了中庭，还包括学院办公室，各种教室和实验室，一个报告厅，以及一个咖啡厅。

CIRS 已明确地将"生态建筑挑战"（Living Building Challenge）的最高绿色认证指标作为项目目标，包括零水耗、现场污水处理、零能耗，以及施工和运营的碳中和。

通过一个简易的系统，将收集的高反射率屋顶的雨水存贮到一个地下蓄水池中，经现场过滤消毒，输送给建筑用户作为饮用水。太阳能生物过滤系统的采用使 100% 建筑污水可回收再利用。

CIRS 建筑一体化光伏板收集的太阳能和邻近建筑内排放的废热，通过地下室的冷热交换，达到年度负能耗。

建筑呈 U 形布局，保证所有用户都能 100%地获得自然采光和通风。建筑一体化光伏板提供建筑 10% 的用能。可开启的遮阳窗户，以及西立面的落叶藤蔓植物垂直绿化，可随着季节变化调节遮阳（图 4-22—图 4-24）

热回收系统收集附近地球与海洋科学馆排水罩的废热，将之传输到 CIRS 的热泵中。热泵通过热辐射板和新风系统为建筑供热和制冷。

CIRS 以木材为主要的建筑材料。木结构选用 FSC 认证且经过松木甲虫灭杀处理的木材，这些木材共可吸收 600 t 碳，帮助项目实现施工和运营期间的碳中和。

CIRS 项目证明了学术研究和大学校园基础设施建设相结合的作用，以及学术研究与项目实践结合的优越性。

项目团队为 CIRS 项目编制了一本技术手册，并放在 CIRS 网站上（cirs.ubc.ca），其中包括实时更新的项目实际性能数据。

图 4-21

图 4-22　U 形平面布局保证了包括建筑中部的报告厅
　　　　在内的所有用户都能 100% 地享有自然采光
　　　　和通风

图 4-23　报告厅屋顶绿化庭院，为上层办公室构建了
　　　　怡人的环境

图 4-24　西立面墙体垂直绿化种植了落叶藤蔓植物，
　　　　形成了被动式遮荫，植物的枝叶变化还报告
　　　　着季节的更替

一个地球 RENO

一、项目信息

业主：Scott Demark

建筑设计：BuildGreen Solutions

总承包商：Botan Construction Ltd.

机械设计：EcoGen Energy

结构工程：Halsall Associates.

照片：©Christian Lalonde

图 4-25　项目外景，一栋百年老建筑——安大略省东部典型的老房子，成功被改造为具有高性能的当代居所

图 4-26　改造后的南北立面

图 4-25

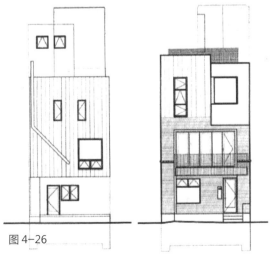

图 4-26

二、评审意见

此项目背后的故事与建筑本身一样引人入胜。设计团队几乎研究了所有的绿色建筑标准，尽力尝试综合各种绿色设计方法的可取之处，以求采取一种整体化的可持续发展设计方法。最后设计团队选择了一栋安大略省东部典型的住宅楼进行更新，以一种迷人的、有时候甚至有点古怪的方法，将它改造为具有极佳性能的建筑（图 4-25，图 4-26）。

三、主要材料

工程木结构框架内保温填充矿棉；喷涂防火涂料；Inline Fiberglass 玻璃钢窗户；局部屋顶绿化；Zehnder Novus 300ERV 可回收能量通风器；光伏和太阳能集热板。

四、主要特点

OPR 项目旨在为一户四口之家提供一个美丽的、功能齐备的居所，包括家庭办公空间，同时施工碳足迹最少，有效减少运营碳排放。

项目选取了一所被遗忘的百年老屋进行改造，并以减少能耗为改造目标。

这栋建筑具备良好的日照，南向有一棵落叶树，建筑占地约 $50 \mathrm{~m}^2$，交通便捷，周围设施齐备，步行便利指数达到 95。改造工程一方面要保留现有的树木以及建筑的传统特征（包括外砖墙饰面），另一方面要提高建筑外围护的建筑性能。

业主采用"一个地球 RENO"方案中的指导原则和被动式住宅节能标准作为改建工程的指导原则。

该项目赢得了 LEED 房屋铂金奖认证，所采用的全面可持续发展设计方法，具体包括以下策略：

◎ 用窗户的朝向和大小来控制太阳光的射入，获取最佳的自然采光；

◎ 高标准绝热，并遵从"被动优选，主动次之"的节能设计；

◎ 最少施工和房屋运营碳足迹；

◎ 选择健康的建材和装饰材料，创建令人愉悦的室内外空间。

要平衡"一个地球 RENO"目标和被动式房屋的节能标准，还要实现建筑优美、功能完备的目标，面临着诸多巨大的挑战，例如：① 狭窄的城市基地；② 留用原有墙体；③ 低于 R55 保温性能，还要避免喷涂难看的泡沫保温材料；④ 缺少窗户的盒式建筑；⑤ 要安装太阳能收集器，还要保留休闲娱乐和厨房的阳光空间；⑥ 保留原建筑的一些构件，尊重本土风格，还要改进建筑外围护的气密性；⑦ 再使用和改进原建筑构件（会产生相关的额外人力成本），还要考虑到项目的预算控制；⑧ 既要安装太阳能动力设备，又要避免主动式太阳能破坏建筑外形（图 4-27）。

最后的设计将主要的居住空间布置在二楼，屋顶作为休闲娱乐和太阳能设施空间，这是对各种各样复杂而相互矛盾的功能需求做出的折中解决方案，见图 4-28。

建筑外观很有当代气息，使用了暖色，并与传统风格街道取得和谐。内部空间很现代化，空间开放而明亮，再生材料和原有建筑构件的再利用让空间显得温暖而舒适。尽管为了满足设计目标不得不作出了诸多妥协，建筑和其使用者能耗只需要传统房屋的十分之一，且居住环境极为舒适，室内空气质量良好。

图 4-27 尽管场地很狭窄，而且需要满足被动式住宅能耗标准，但此建筑通过自然采光也使室内光线明亮

图 4-28 屋顶作为休闲娱乐和太阳能设施空间

图 4-27a

图 4-27b

图 4-28

CANMET 材料技术实验室

一、项目信息

业主：McMaster Innovation Park

租户：CANMET 材料技术实验室，NRCAN

建筑设计：Diamond and Schmitt Architects

结构工程：Engineer RJC

机电工程：Integral Group [Cobalt Engineering]

LEED 顾问：Integral Group [Cobalt Engineering]

外观顾问：RJC

调试代理：CFMS

土木工程：AJ Clarke And Associates

总承包商：EllisDon

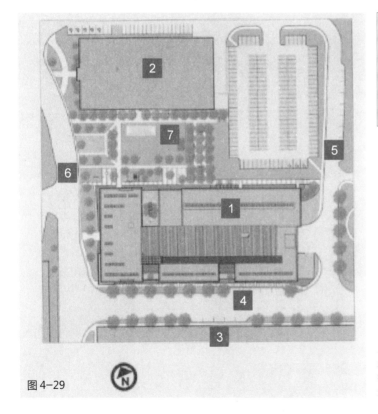

图 4-29

图 4-29　场地平面图

图 4-30　外景图——CANMET 材料技术实验室面向汉密尔顿市长木路，通过改造治污土地进行建设，CANMET 材料技术实验室是 McMaster 创新园区的重要租户

1—加拿大能源研究院（CANMET）；2—长木路 175 号；3—未来的建筑工地；4—弗里德大街；5—新建辅路；6—长木路南端；7—地源能所在地

二、评审意见

这是一个独特的项目,具有良好的建筑性能、严密的绿色策划及吸引人的建筑造型、良好的室内照明,以及精美的节点。一般而言,这种类型的建筑能耗较高,这就更不容忽视该项目在节能策略上所取得的卓越成就(图 4-29、图 4-30)。

三、主要材料

混凝土和砖石结构;楼板预埋热辐射水管;高隔热性能的中空玻璃;镀锌水泥复合墙板;太阳能墙加热进入室内的新风;屋顶太阳能集热器为热辐射系统提供热水,并以地热作为补充能源;Aproot Distribution 供应的 Smith&Fong Co. 竹地板;抛光混凝土楼板。

四、主要特点

加拿大自然资源部为了离金属研究和测试服务对象的钢铁和制造行业更近些,将其 CANMET 材料技术实验室从渥太华市搬到了汉密尔顿市。此实验室项目获得了 LEED 白金奖认证,为加拿大工业建筑提升了标杆标准。

被动式节能策略主要包括采用高性能保温的外墙体、屋顶、基础和三层玻璃。长轴南侧和北侧赋予建筑更好的采光,通过特定的遮阳设施和玻璃可以有效控制室内温度(图 4-31)。

日光和空间使用状态感应器能自动调控照明和百叶以节约电能。建筑沿四周安装玻璃墙面和遮阳帘,透光玻璃窗确保建筑内部有良好的采光,特制的遮阳帘能有效地减少眩光。

机电和可再生能源系统的指导原则是最大化地提升能源使用效率,减少能源浪费。宽大的屋面包括 209 个太阳能集热器,为再生能源设施安装提供了场地。

收集到阁楼上太阳能罐中的热能被用于建筑内供暖和生活热水。太阳能罐共拥有 180 000 L 的热水储存容量,相当于整栋建筑三天的供暖所需。多余的热能都被排放到由 80 口 152 m 深钻孔组成的地源系统中(图 4-32)。

建筑采用全新风系统,通风系统与冷热系统各自独立,以利于进一步提高能效。采用换风系统使空气进入各楼层,或者通过低位扩散器传入楼内。在汉密尔顿 1 月份的典型晴天,太阳能墙可以将新风加热到 16℃。为了提高收集太阳能的效率,屋顶阁楼层的太阳能墙呈 52° 角斜向布置,使得集热板面积增加了一倍,见图 4-33、图 4-34。

图 4-30

图 4-31

图 4-33

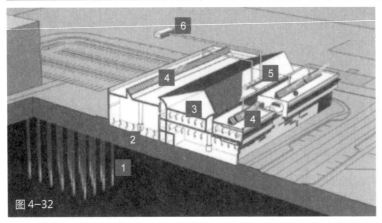

图 4-32

1—土壤源埋管；2—地板供热和供冷；3—吊顶供热和供冷；4—屋顶太阳能集热板；5—太阳能贮热水箱；6—额外的太阳能贮热水箱

图 4-31 三层楼高的中庭连接建筑各区域，形成了一个日光充裕的多功能中心，中庭还是直径 1.2 m、长 7.3 m、连接各实验室的液体循环加热管的转弯要道

图 4-32 空调采暖系统

图 4-33 裸露的混凝土楼板内安装了辐射供暖和制冷管，部分区域安装了吊顶

图 4-34 屋顶阁楼层的太阳能墙呈斜向布置，最大化地摄取太阳能，冬日晴天可以将进入的空气预热到 16℃

图 4-35 总平面图

图 4-34

杜·博伊斯图书馆

一、项目信息:

业主: Ville de Montreal, arrondissement de St-Laurent

建 筑 设 计: Eric Pelletier Architects，Cardinal Hardy et Associes. s.e.n.c., Les Architects Labonte Marcll s.e.n.c.

景观设计: Cardinal Hardy et Associes. s.e.n.c.

结构工程: SDK et Associes Inc.

机电工程: Leroux Beaudoin Hurens et Associes Inc.

声学顾问: Davidson & Associes Inc.

LEED 顾问: EXP

总承包商: Pomerleau Inc.

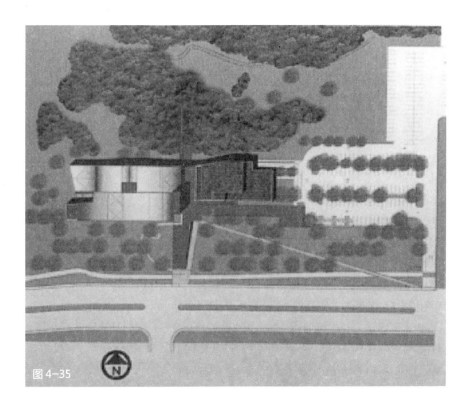

图 4-35

图4-36

二、评审意见

这件设计作品令人叹服，无论是基地的规划、设计，还是细节的把控都让人无可挑剔。为了实现图书馆在社区生活中所扮演的起居室的新角色，该建筑设置了各种各样美轮美奂的明亮空间和接待室。同时，这还是一栋高效能的建筑，令人印象深刻，见图4-35、图4-36。

三、主要材料

钢筋混凝土结构；幕墙；天窗；金属面层预制墙板；绿化屋面；Interface块状地毯；Uponor提供的楼板供暖地热系统；Taco Canada Ltd.提供的泵机。

四、主要特点

建筑面积约为5 000 m² 的杜·博伊斯图书馆位于繁华的 Thimens 大道和 Marcel-Laurin 公园（马赛尔·洛兰公园是圣劳伦特区蒙特利尔市的保护性森林）之间。在图书馆的设计中，森林公园起到了重要的启发作用，图书馆将成为一条纽带，将社区和森林公园联系在一起，给社区居民带来新的体验，同时，也提升了图书馆本身对于社区的价值，使其成为一个崭新的、极具吸引力的文化活动中心。

这座图书馆是一栋两层建筑，入口中央设有采光中庭，内部空间包括书库、多媒体收藏、计算机工作站、会议和培训室、青少年活动室、咖啡厅、展览厅和档案室等。图书馆坐落于林荫之畔，人们可以从 Thimens 大道转上一条横贯公园的坡道抵达图书馆，见图4-37。

建筑平面呈线形，镶嵌于木质外框的玻璃棱镜沿着建筑的平面和截面缓缓延展。内部空间的条状装饰木板，随着建筑空间的变化起伏。公共空间的设计中引入了景观要素，穿过咖啡厅后，可以步入森林公园，见图4-38、4-39。

两层楼图书馆的设计方式很大程度上减少了建筑的占地面积，给 105 棵树、5 000 株灌木，以及雨水收集池预留了空间。绿化屋面延缓了雨

图 4-36 南立面局部实景
图 4-37 1 层平面图
图 4-38 剖面图

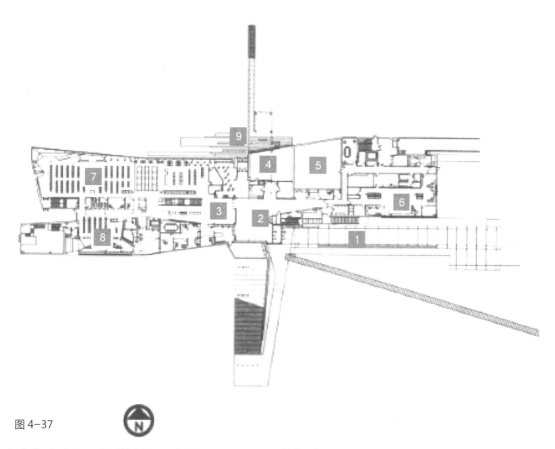

图 4-37

1—步道；2—大厅；3—图书馆大厅；4—多功能厅；5—展示厅；6—技术服务用房；7—青年活动；8—儿童乐园；9—露台

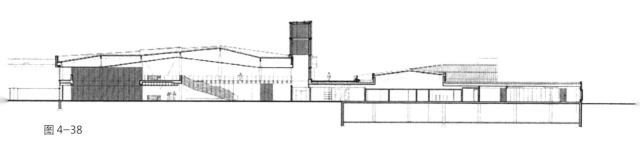

图 4-38

图 4-39

水的流速，雨水在重力作用下回归自然之前被导向收集池。

中央天窗和大面积的高效能玻璃幕墙，使自然采光能够覆盖 75% 的建筑面积。开闭式窗户为建筑提供了自然通风条件。透明隔断和开放式的空间设计使 90% 的使用空间都能拥有良好的户外视野。日光和空间感应器进一步降低了照明负荷，见图 4-40、图 4-41。

现场的地热系统和绿色电力共同为建筑供暖和制冷提供能源，绿色电力指的是采购异地具有绿色能源证书的可再生能源供给的电力。两年的合约有助于鼓励和提倡使用可再生资源。天窗回收排风余热，再次送入通风系统。

为改善室内环境质量和有益建筑使用者健康，使用认证木料和低挥发性材料，如：粘合剂、密封胶、油漆和涂料、地毯、复合木材和胶合板，见图 4-42。

图书馆还安装了二氧化碳监测装置。建筑中再生材料和地域性材料各占 25.5% 和 30%，再生材料和地域性材料的使用均达到了 LEED 创新认证的标准。

设计团队着眼长远，他们选用的材料既经久耐用，又维护简便。此外，他们还考虑了图书馆未来如何适应社区居民不断增长的使用需求。例如，如有需要，一些后勤用房可以直接改造成公共空间，部分用移动货架隔断的空间，如青少年活动区，可以很方便地重新布置成特殊仪式或活动的场所。

设计团队从一开始就设立了一个雄心勃勃的目标，尤其是在能源使用方面。团队的所有成员都将该建筑视为一个非常专业的开发载体，通过综合高效能标准、设计质量和社区的使用需求，把项目打造成一个示范性的引领建筑，让同类型公共建筑的建设由此获得灵感，受到启发。

图4-41

图4-40

图4-42

图4-39 从咖啡厅往平台看去
图4-40 主入口，灯笼式天窗聚集的暖风将返回通风系统
图4-41 入口实景，大厅朝向平台大门的实景，灯笼式天窗就在此上方
图4-42 二楼天窗反光表面实景，吊顶采用FSC认证的木材

北哥伦比亚大学生物能源工厂

一、项目信息:

业主 / 开发商: University of Northern British Columbia

建筑设计: Hughes Condon Marler Architects

总承包商: IDL Projects Inc

景观设计: Jay Lazzarin Landscape Architect

土木工程: L&M Engineering

机电工程: MMM Group

结构工程: Bush Bohlman & Partners

图片: Hughes Condon Marler Architects

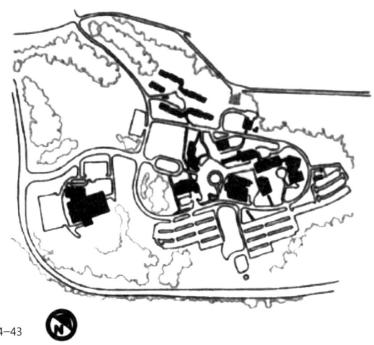

图 4-43

图 4-43　总平面图
图 4-44　剖视图
图 4-45　南立面

二、评审意见

北哥伦比亚大学生物能源工厂的出现使本地的能源生产进入公众视野，围绕能源生产的权属和责任，提升了公众对此的认知。这是一栋植根于"本地"的雅致建筑，不能不说它是一个精彩绝伦的范例，更多加拿大的社区应该仿效，见图4-43 至图 4-45。

三、主要材料

钢木框架；混凝土；喷涂泡沫保温和幕墙；EPS（聚苯乙烯）保温金属板；纤维水泥；西部红松板；Nexterra 生物质气化系统；Interface 块式地毯。

四、主要特点

北哥伦比亚大学生物能源工厂是一栋面积为 857 m^2 的三层设施，其主要功能是降低北哥伦比亚大学校园内全部建筑运行产生的温室气体排放。该建筑设有三个功能明确的分区：燃料储存区、加工厂、运作和科研区。该项目是不列颠哥伦比亚省第一个获得 LEED 白金奖证书的大学建筑，也是加拿大第二个获此认证的工

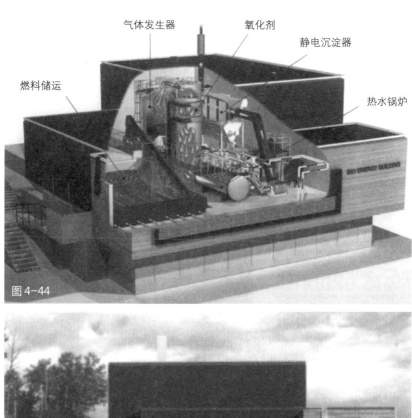

图 4-44

图 4-45

业建筑，见图 4-46。

该项目是北哥伦比亚大学校园的重要组成部分。生物能源工厂为校园内 64 231 m^2 的建筑供暖，这相当于校区内所有建筑面积的 68%，校区所需供暖量的 71%。

这使可持续的燃料提供高效的能源输出变成可能。除了为附近的建筑生产和分配能源外，生物能源工厂还具有运营和科研功能。后者为学校的教职工、学生和其他研究工作者提供了学习和工作场所，使他们深刻理解生物气化过程，参加优化生物气化的工作。

燃料储存和加工区占用了该建筑的绝大部分空间。为了更好地利用基地的地形，将这些功能分区置于建筑的西侧，这也为生物质燃料的运输提供了便利。这些大体量的设施被埋到地下 3.4 m 的深度，有效减少地上建筑的体量。运营管理和科研设施设于西部红松板包裹的悬挑"包厢"中，见图 4-47—图 4-49。

在室内设计过程中，项目团队针对建筑采用了具体措施，让整栋建筑全部使用低挥发性涂料。此外，北哥伦比亚大学采购了 Green Guard 和 Indoor Advantage 认证的组合家具，进一步提高了室内空气质量。使用绿色清洁产品、践行绿色管理条例也使建筑使用者在建筑运维过程中所

图 4-46　生物能源工厂，位于图片中左上角。
图 4-47　北哥伦比亚大学生物能源工厂运营和科研设施设于西部红松板包裹的悬挑"包厢"中
图 4-48　将部分燃料储存和加工设施埋到地下，减少地上建筑的体量
图 4-49　上层平面图

受到的化学物质的潜在危害可能性降到最低。

多专业集成化的设计使建筑的使用者在全部使用空间内都能对新风、日照实施单独控制并有良好的外部视野。

低流速和双冲式厕所设备减少了可饮用水的消耗。同时，选用耐寒和气候适宜的植物避免了另外安装灌溉系统的需求。此外，该建筑还与北哥伦比亚大学的雨水回收系统联网，见图 4-50。

乔治王子城地处寒冷地区，需要优先考虑减少热荷载。从需求角度，选用高效外围护材料可大幅减少热负荷；从供给角度，该建筑主要通过生物质锅炉回水的热交换为建筑提供可再生热能。（生物能源工厂使用锯木厂的残渣作为生物质燃料，是符合可再生能源的定义的。）

木材因其与生俱来的可持续特性，被用于主要的结构材料。建筑结构体系包括外露的胶合木梁、柱，以及外露的木屋顶。燃料储存和加工区的内部墙体以当地生产的 GIS Douglas 杉木胶合板覆盖，使这些空间比一般的工业建筑看起来更加温暖（图 4-51）。

项目中，尽可能多地使用了地域性来源的材料和回收材料，同时还普遍使用废弃和将要废弃的金属、混凝土、保温材料和石膏。在缺乏大型城市区域常见的回收循环基础设施的地区，项目团队仍成功地将 55% 的建筑垃圾用于土方平衡。

作为致力于可持续发展原则的学术机构，北哥伦比亚大学将生物能源工厂作为教学工具呈现在广大观众面前。此外，该建筑良好的位置和透明的建筑特征不断向大学社区展示校园使用的能源生产过程。通过这种方式使基建设施变得更加公开，增强了公众对人们所依赖的基础服务来源和潜在环境影响的责任感。

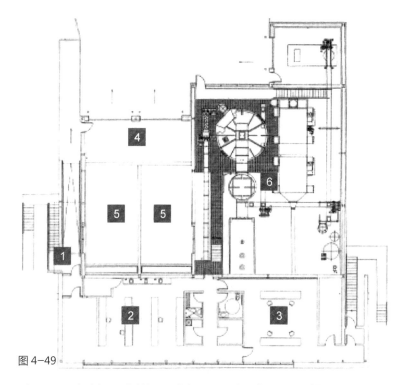

图 4-49

1—主入口；2—实验室；3—控制室；4—货车入口；5—朝下的开口；6—植物

图 4-50　屋顶排水口详图
图 4-51　内部墙体以当地生产的 Douglas 杉木胶合板覆盖，使此工业建筑内部看起来更加温暖

参考文献

[1] SENES Consultants Limited.Waterfront Scan & Environmental Improvement Strategy Study[R] , 2003.

[2] The Canadian Green Building Awards 2014 WINNING PROJECTS[J].SABMag , 2014.

本书主要从绿色建筑单体优秀案例和多伦多滨水地区的可持续性绿色更新两个方面阐述了加拿大在绿色城市建设方面实践的经验，内容涵盖加拿大近年来的绿色建筑发展状况，多伦多滨水地区的可持续性绿色更新、绿色建筑单体案例以及2014年加拿大绿色建筑获奖项目等内容。13个绿色建筑单体案例包括列治文速滑馆、UBC大学研究中心、Mountain设备合作社（MEC）商店、Goldcorp采矿创新宿舍、北哥伦比亚大学生物能源工厂等，建筑类型较为丰富，主要特点论述及配图使读者能够很快地理解项目的绿色精髓，并获得一定的直观认识。

上架建议：建筑·城市

ISBN 978-7-5608-6088-6

9 787560 860886 >

定价：49.00元